非战争军事行动渡河桥梁装备运用研究

辛文军◎主编

国防工业出版社

·北京·

内 容 简 介

本书为了满足广大从事渡河工程保障及渡河桥梁装备运用研究人员需求，结合抗洪救灾、抗震救灾等典型非战争军事行动任务，研究提出渡河桥梁装备及相关技术的运用方法，为丰富拓展非战争军事行动理论提供重要支撑。本书以作者多年来科研成果和教学实践第一手资料为素材，从非战争军事行动的特点入手，结合近年来世界各国抢险救灾实践案例，剖析提出渡河桥梁装备任务清单，立足现有渡河桥梁装备技术性能，追踪前沿技术发展，探寻提出渡河桥梁装备完成抗洪抢险、抗震救灾、交通应急等非战争军事行动任务的方式方法。

本书集实践性与应用性于一体，适合从事非战争军事行动、工程保障、渡河桥梁装备论证与运用教学的科研人员使用。

图书在版编目（CIP）数据

非战争军事行动渡河桥梁装备运用研究/辛文军主编．--北京：国防工业出版社，2024.10. -- ISBN 978-7-118-13374-5

Ⅰ．U674.192；E92

中国国家版本馆 CIP 数据核字第 20247PF058 号

※

国防工业出版社出版发行

（北京市海淀区紫竹院南路23号 邮政编码100048）
北京凌奇印刷有限责任公司印刷
新华书店经售

*

开本 710×1000 1/16 印张 10½ 字数 167 千字
2024年10月第1版第1次印刷 印数 1—1300 册 定价 88.00 元

（本书如有印装错误，我社负责调换）

| 国防书店：(010)88540777 | 书店传真：(010)88540776 |
| 发行业务：(010)88540717 | 发行传真：(010)88540762 |

编委会

主　编　辛文军

副主编　史小敏　鞠进军

编　写　王海源　杜　强　韩　伟
　　　　　　汪亚桥　段壮志　刘　义

校　对　杜　强　汪亚桥

前　言

　　新的形势下，在爆发大规模战争的危险性降低的同时，非传统安全威胁日益凸显。全球恐怖主义、跨国犯罪等活动猖獗，民族矛盾、宗教冲突、极端势力等成为社会动荡不安的主要根源。全球性自然灾害频发给人类社会也造成了极大灾难。随着国家利益的拓展和非传统安全威胁的上升，非战争军事行动日益成为国家军事力量运用的重要方式。渡河桥梁装备因其特殊的军地通用特性，在完成抗洪抢险、抗震救灾、交通应急抢险等各种非战争军事行动任务中发挥了重要作用，已经成为非战争军事行动中不可或缺的救援装备。为有效应对非战争军事行动的任务需求，全面深入了解渡河桥梁装备性能特点，提升渡河桥梁装备运用效能，迫切需要归纳和总结渡河桥梁装备在非战争军事行动中的应用经验，系统研究和提出与非战争军事行动任务类型相匹配的渡河桥梁装备运用方法，为更好遂行非战争军事行动任务提供理论支撑。本书以非战争军事行动的任务及特点、渡河桥梁装备完成非战争军事行动任务案例和非战争军事行动渡河桥梁装备任务清单为基础，结合渡河桥梁装备技术性能特点，研究提出渡河桥梁装备在抗洪抢险、地质灾害救援、交通应急抢险、事故救援、反恐维稳和国际维和等非战争军事行动任务时的装备运用理论。本书不仅具有较强的实践性、实用性和创新性，对于推动非战争军事行动渡河桥梁装备发展与运用具有重要的理论意义和参考价值。

　　全书共分八章。第一章主要介绍了非战争军事行动渡河桥梁装备运用的内涵及研究的作用与方法。第二章主要分析了非战争军事行动中渡河桥梁装备运用的任务、特点和影响因素。第三章主要介绍了渡河桥梁装备在抗洪抢险行动中的运用方法。第四章主要介绍了渡河桥梁装备在地质灾害救援行动中的运用方法。第五章主要介绍了渡河桥梁装备在交通应急抢险行动中的运用方法。第六章主要介绍了渡河桥梁装备在事故救援中的运用方法。第七章主要介绍了渡河桥梁装备在反恐维稳行动中的运用方法。第八章主要介绍了渡河桥梁装备在国际维和行动中的运用方法。其中,后六章针对非战争军事行动不同任务渡河桥梁装备运用方法的介绍,主要包括任务与环境、运用时机、方法与编组、组织实施、相关保障和典型案例等内容。

  本书可供工程兵部队、院校以及从事非战争军事行动任务的相关人员参考,对渡河桥梁装备领域科研人员也有一定的借鉴和参考价值。

  本书在编撰过程中借鉴和参考了国内外有关书籍、研究报告和相关资料,在此对有关文献的作者表示感谢。限于作者水平有限,对一些问题的理解还不深刻,书中难免存在疏漏之处,恳请读者批评指正。

作者
2024 年 6 月

目 录

第一章
概述 …………………………………………………………… 1

第一节　非战争军事行动渡河桥梁装备运用的内涵 …………………… 1
第二节　非战争军事行动渡河桥梁装备运用研究的作用与方法 ………… 7

第二章
非战争军事行动中渡河桥梁装备运用基本问题 …………………… 11

第一节　非战争军事行动中渡河桥梁装备运用的任务 ………………… 11
第二节　非战争军事行动中渡河桥梁装备运用的特点 ………………… 15
第三节　非战争军事行动中渡河桥梁装备运用的影响因素 …………… 19

第三章
渡河桥梁装备在抗洪抢险行动中的运用 …………………………… 24

第一节　任务与环境 …………………………………………………… 24
第二节　运用时机 ……………………………………………………… 26
第三节　方法与编组 …………………………………………………… 27
第四节　组织实施 ……………………………………………………… 31
第五节　相关保障 ……………………………………………………… 38
第六节　典型案例 ……………………………………………………… 40

第四章
渡河桥梁装备在地质灾害救援行动中的运用 ················ 45

第一节　任务与环境 ················ 46
第二节　运用时机 ················ 49
第三节　方法与编组 ················ 49
第四节　组织实施 ················ 52
第五节　相关保障 ················ 58
第六节　典型案例 ················ 60

第五章
渡河桥梁装备在交通应急抢险行动中的运用 ················ 67

第一节　任务与环境 ················ 67
第二节　运用时机 ················ 71
第三节　方法与编组 ················ 73
第四节　组织实施 ················ 75
第五节　相关保障 ················ 89
第六节　典型案例 ················ 90

第六章
渡河桥梁装备在事故救援中的运用 ················ 99

第一节　任务与环境 ················ 99
第二节　运用时机 ················ 100
第三节　方法与编组 ················ 101

第四节　组织实施 …………………………………… 104
第五节　相关保障 …………………………………… 109
第六节　典型案例 …………………………………… 111

第七章
渡河桥梁装备在反恐维稳行动中的运用 ………………… 115

第一节　任务与环境 …………………………………… 115
第二节　运用时机 …………………………………… 117
第三节　方法与编组 …………………………………… 118
第四节　组织实施 …………………………………… 121
第五节　相关保障 …………………………………… 123
第六节　典型案例 …………………………………… 126

第八章
渡河桥梁装备在国际维和行动中的运用 ………………… 131

第一节　任务与环境 …………………………………… 131
第二节　运用时机 …………………………………… 135
第三节　方法与编组 …………………………………… 137
第四节　组织实施 …………………………………… 139
第五节　相关保障 …………………………………… 149
第六节　典型案例 …………………………………… 152

参考文献 ………………………………………………… 155

第一章 概 述

进入21世纪以来,随着国际形势的变化,非传统安全威胁日益增多,恐怖主义、种族冲突、自然灾害等活动给人类社会带来巨大的威胁和损失,不但影响国家和地区的安全与稳定,甚至能直接引发战争。国际维和、人道主义援助、海外撤侨、救灾行动等非战争军事行动成为军队和平时期的重要职能之一,也是和平时期军事力量运用的重要方式,地位与作用越发突出。渡河桥梁装备具有军民通用的多功能特征,不仅在战时"逢山开路、遇水架桥",而且在和平时期的"抢险救灾、反恐维稳、国际维和"等非战争军事行动中同样能发挥重要作用。在"5·12"汶川地震开辟生命通道的行动中,某集团军工兵团使用先进的舟桥和桥梁装备,在紫坪铺水库强行开设门桥渡场,率先打通了通向映秀镇的"水上通道";道路、桥梁分队利用门桥渡送的工程装备,连续奋战47h,打通了映秀铝厂至震中映秀镇的"陆上通道",为后续实施大规模救援赢得了宝贵时间。由此可见,渡河桥梁装备在非战争军事行动中的作用十分重要。

第一节 非战争军事行动渡河桥梁装备运用的内涵

应对多种安全威胁,完成非战争军事行动任务,是21世纪新阶段我军的重要职能之一,也是维护国家利益的重要保证。只有与时俱进地加强军事战略指导,坚持不懈地拓展和深化军事斗争准备,扭住核心军事能力建设不放松,统筹安排并抓好非战争军事行动能力建设,才能具备与任务需求相匹配的能力素质。在和平年代,非战争军事行动是国家军事力量运用的重要方式,也是军队价值的体现和意义的彰显。纵观国内外各种典型非战争军事行动,都离不开渡河桥梁装备的身影。随着科技水平的快速发展,各种新材料、新技术在渡河桥梁装备的建设和发展中得以广泛应用,渡河桥梁装备的各项性能也得到极大提升。现有的渡河桥梁装备具有展开速度快、保障能力强、适应范围广等特点,在非战争军事行动中发挥了比较明显的作用,是完成非战争军事行动不可或缺的重要保证。

一、非战争军事行动的主要任务

新的形势下,随着国家利益的拓展和非传统安全威胁的上升,非战争军事行动日益成为国家军事力量运用的重要方式。军队作为维护世界和平、保卫国家安全的武装力量,理所当然地要在应对非传统安全威胁中担当重要角色。非战争军事行动是指"武装力量为维护国家安全和发展利益而进行的不直接构成战争的军事行动,包括反恐维稳、抢险救灾、维护权益、安保警戒、国际维和、国际救援等行动"。

(一)反恐维稳

反恐维稳主要包括反恐和维护社会稳定两项行动。反恐,主要是防范、制止和打击恐怖主义活动;维稳,主要是参与处置大规模群体性事件和平息暴(骚)乱等。反恐维稳具体任务包括:

(1)反恐行动:对重要场所、重要进出关口进行检测,消除爆炸隐患;搜查藏匿的爆炸物品;排除已发现的爆炸品;对遭袭击破坏的道路、桥梁、重要建筑物进行抢险、抢修;依法慑止和打击各类恐怖组织制造的恐怖活动。

(2)维稳行动:对聚众破坏公共财产和扰乱社会秩序的严重违法行为所采取的制止、平息措施的军事行动。

(二)抢险救灾

抢险救灾主要包括对重大自然灾害及事故进行救援的行动。其具体任务包括:

(1)自然灾害救援行动:抗洪抢险行动,对交通线实施工程侦察,抢修被毁路段、受损桥梁;架设浮桥和开辟水上运输线;运送土石方,修筑加固堤坝,搜救、抢救、转移受困人员和物资;清除水上障碍、保障河道通畅、爆破泄洪、分洪和灾后重建等。地震灾害救援行动,拆除受损建筑物,清理废墟,搭设帐篷、简易板房,构筑直升机起降场,开设门浮桥渡场,抢修生命线工程,应急给水保障,排除堰塞湖险情和灾后重建等。抗击雨雪冰冻灾害救援行动,恢复道路交通;供水、供电、通信设施抢修抢建;车辆抢修;架设线路、通信线路除冰,垮塌建筑物处理,受困人员搜救等任务。抗击台风灾害救援行动,搜救、转移、安置人员,生活应急保障、灾后恢复重建等;森林(草原)扑火行动,灭火、构筑隔离带、人员搜救和转移安置等任务。

（2）事故救援行动：核事故救援行动，对核事故现场部分设备、设施实施抢救和工程防护；对污染浅土层消除核污染；构筑洗消水站、直升机起降场、临时住房，清除障碍，构筑和维修道路、桥梁等；放射性废物处理；转移、疏散人群；开设给水站等。交通应急抢险行动，抢救和运送受伤人员、疏散灾区群众；保护重要目标安全，疏通道路、恢复交通和抢救抢运物资等。

（三）维护权益

维护权益行动主要任务：依托"一带一路"公路、铁路、海路、空运等多种方式实施交通投送；在中国公民和企业遭受战乱、恐怖袭击、重大自然灾害时，遂行海外撤侨应急任务；国家驻外机构和大型企业等重大利益区警卫、重要目标区夺控、适度规模惩戒作战行动。

（四）安保警戒

安保警戒行动主要任务：安全警戒，地面区域巡逻警戒，情报搜集、警卫安检；搜查、排除重大活动区域爆炸物；慑止、防范活动现场发生核、生、化或爆炸性恐怖袭击事件；处置群体性突发事件等。

（五）国际维和

国际维和行动主要任务：道路的维护与完善；桥梁架设与维护；机场维护；直升机起降场构筑与维护；营地、基地、防护工事构筑；水、电保障，供热、通风与空调作业；卫生防疫及环境保护；小型施工、消防作业；组织排雷训练与爆炸物、未爆炸弹药处理等。

（六）国际救援

国际救援行动是在联合国统一组织下，对受到地震、飓风、海啸或其他自然灾害侵袭国家和地区实施的援助活动。其主要任务：参与或指导灾情发生国抢救人民生命和财产；参与或指导灾情发生国抢修通道排除险情；保卫重要目标安全；控制和消除灾害后果；构筑给水站，保障灾民及救援人员用水；参与或指导灾情发生国进行灾后重建。

二、非战争军事行动的特点

在新的历史条件下，恐怖主义威胁、大规模杀伤破坏性武器的扩散、自然灾害等安全威胁,不仅成为全球性的突出问题,也对各国的稳定、发展和安全构成了严重威胁。当前,我国同样面临着维护世界和平、应对恐怖主义威胁、抗击重大自然灾害等多种安全威胁,采用非战争军事行动的方式,维护和平稳定的国内外环境,是确保国家发展战略实现的重要手段。非战争军事行动的特点主要表现在以下4个方面:

一是应急性。由于事件突发性强,要求相关力量第一时间到达,第一时间展开行动。通常情况下,行动的方向、任务、地域存有极大的不确定性,任务地区情况错综复杂,瞬息万变,对行动效果要求高,任务的连续性强、社会关注度高,急、难、险、重的特征明显,指挥员在受领任务后,要迅速分析判断情况,定下决心,临机果断处置,指挥分队展开行动。

二是复杂性。非战争军事行动的任务多样,不但行动的样式多,而且行动的规模也大小不一,参战力量多元,行动牵涉面广,社会关注度高。多种力量联合执行任务,指挥协同难度大,行动指挥过程和部队行动全程透明,对行动的效果要求更高。

三是艰巨性。由于自然环境条件恶劣,经常会遇到基础设施损毁严重,通信不畅,道路通行能力低,环境恶劣,作业条件差等情况,有些行动甚至存在着生存威胁。任务区的各种影响因素,对行动人员的心理和生理都会产生非常大的影响,要进行快节奏、高强度、连续性的工作,对行动人员来说承受的压力会异常严峻。

四是经常性。由于自然灾害等非传统安全威胁频发,恐怖活动、突发事件的安全威胁日益上升,国际维和、海外维权等任务经常,非战争军事行动已成为和平时期的常态化任务。

三、渡河桥梁装备在非战争军事行动中的应用内涵

非战争军事行动是在传统安全威胁与非传统安全威胁相互交织下形成的,行动中任务环境复杂,情况多变,渡河桥梁装备作为工程装备的重要组成之一,是顺利完成非战争军事行动的物质基础,涉及面广,情况复杂,时效性强,装备适应性要求高。渡河桥梁装备主要由舟桥装备、桥梁装备、轻型渡河装备、路面装备和配套动力装备等组成,装备品种类型齐全,具有克服江河沟谷等天然及人工障碍较为完整的装备体系。渡河桥梁装备作为工程装备的重要组成部分,是遂行抗震救灾、抗洪抢险等非战争军事行动的重要救援装备。在抗洪抢险、地质灾害救援、交通应急抢险、事故救援、反恐维稳和国际维和等非战争军事行

动中发挥着重要作用。

（一）开辟水上通道

非战争军事行动的一个显著特点是不确定性。无论是自然灾害还是意外事故，其发生的时间和区域均不确定，灾害造成的破坏也不确定。抗洪抢险行动中的水上救援，第一时间解救受困的灾区群众，利用冲锋舟、汽艇、门桥等制式装备，进行水上打捞；利用重型舟桥、带式舟桥、轻型舟桥等装备，迅速开设门桥或浮桥渡场，保障水上交通设施的畅通，打通交通运输网络"生命线"。地震发生后，由于打通陆上通道所需时间较长，空中输送能力又有限，通过水上通道快速进入灾区就成为救援的重要途径。例如，汶川地震发生后，汶川县城成为一座孤城，与外界完全失去联系，抢险救灾指挥部利用都江堰到汶川的一座水库开通了水上通道，首先用冲锋舟输送救援人员进入灾区，再用冲锋舟把伤员运出灾区，确保了救援行动的实施。

（二）架设抢修桥梁

桥梁装备的主要特点是平战结合、通行性好、通行量大、使用灵活，适用于交通干线上的桥梁抢修。这类装备的最大承载力可达公路-Ⅱ级荷载标准，满足履带式LD-60通行要求。特别是多跨桥，桥梁的总长可达百米，适用于在抢险救灾中快速抢通由于山洪、泥石流等灾害冲毁的干线公路或桥梁。此外，装配式公路钢桥使用灵活，通载性能好，适用于受损桥梁的加固抢修。地震发生后，山体坍塌导致路段堵塞和桥梁严重受损，救援车辆无法通行，为了快速打通通往灾区的生命线，救灾人员通过架设装配式公路钢桥使受损桥梁很快恢复通行，为救援推进争取了宝贵时间。

（三）构筑抢修道路

受地质灾害，如地震、泥石流、洪水等自然因素或人为因素的影响，会对道路造成严重危害，因此在非战争军事行动中，快速修复被破坏的路段，是道路保障极为重要和艰巨的任务。利用渡河桥梁装备，采取"先粗通后改善"的方式进行快速作业，可以缩短交通中断的时间，尽快恢复救援或满足其他行动的机动要求，为构筑和快速抢修道路行动提供重要保障。利用制式桥梁装备在被破坏的路段上方快速架设桥梁，可以快速恢复通行；对于破损的路面，也可以在对路基进行简单修复的基础上，利用制式路面器材作为路面，保障道路通行；在松软、泥泞地段,车辆无法通行时,根据现地情况可以采用制式路面器材加以克服;也可将多种路面器材混合使用,以加快作业速度,提高通行能力。常见的路面有采用机械化方式铺设与撤收的铝制可卷路面、APP可卷路面、塑料可卷路面、车辙路面、带式路面器材、铝质六角板折叠式路面以及钢质折叠路面等,都能在构筑和抢修道路中发挥作用。

(四)人员物资运输

在洪水肆虐的受灾地区,许多地方被水淹没,对受困人员的运输,除大量使用冲锋舟等轻型渡河器材外,还需要根据现场情况利用门桥搜索和转移被困人员,或者在有条件的地区架设小型浮桥,利用渡河桥梁装备漕渡救灾器材及物资,或利用门桥向孤立的岛屿运送救援器材及物资,或大规模转移和运输灾区人员。在"3·11"日本地震中,日本东北地区近海许多有人岛屿与本土连通的桥梁、港口和渡轮被摧毁,处于孤立无援的状态。为此,陆上自卫队积极利用现有装备漕渡救灾器材及物资;为抢修连接宫城县东松岛市与宫古岛的松岛桥,第2工兵旅第10工兵群利用92式带式舟桥结构门桥,向宫古岛运送该桥施工急需的民用建筑机械;第6师第6工兵营在宫城县仙台市近海架设轻型战术门桥,向孤立的岛屿运送救援器材及物资。

(五)工程抢险保障

非战争军事行动中的工程抢险保障作用重大。险情探查、水上清障泄洪、爆破分洪等行动都离不开渡河桥梁装备的保障。在洪灾区,舟桥分队利用冲锋舟、汽艇等器材担任水上警戒和巡逻任务,随时观测水势;在重要的堤坝地段,依据受损情况,利用各类子堤进行加强,实施堤坝抢险,有效克服跌窝、浸溢、漏洞、渗漏、裂缝、滑坡、坍塌、管涌等险情,保障堤坝的安全。地震发生后,由于山体滑坡,大量土石堵塞河道,形成堰塞湖,救援人员可以采用冲锋舟渡送爆破器材和爆破工程人员,对堰塞湖进行工程爆破,解除地震次生灾害造成的威胁,降低地震造成的灾害。在进入灾区的陆上道路迟迟未打通、而灾区又急需大型工程装备的情况下,采用制式舟桥结合漕渡门桥运送工程机械,使大批工程机械通过水上通道进入灾区遂行救援任务,为快速展开救援行动提供保障。

第二节 非战争军事行动渡河桥梁装备运用研究的作用与方法

军队要提高应对多种安全威胁、完成多样化军事任务的能力,会用和用好装备至关重要。工程兵部(分)队依靠较为先进、完备的工程装备,已经成为履行多样化军事任务、执行非战争军事行动的重要突击力量,在遂行抗洪抢险、抗震救灾等任务中发挥着无可替代的作用。其中,渡河桥梁装备作为工程装备的重要组成部分,对于保障部队机动和非战争军事行动是不可缺少的;但同时必须看到,渡河桥梁装备保障能力与履行任务的要求尚有差距。为进一步发挥好渡河桥梁装备的作战效能,需要认真研究渡河桥梁装备在非战争军事行动中的运用方式与特点,深入分析各种影响因素,以提升渡河桥梁装备在保障部(分)队有效完成非战争军事行动中的作用,从而加快军队非战争军事行动能力建设。

一、非战争军事行动渡河桥梁装备运用研究的作用

加强对非战争军事行动渡河桥梁装备运用研究,对于充分发挥现有渡河桥梁装备的战术技术性能,提高渡河桥梁装备在非战争军事行动中的综合保障效能,进一步增强工程兵部(分)队遂行非战争军事行动能力,具有十分重要的作用,同时也是促进渡河桥梁装备建设和发展的重要内容。通过深入的研究和分析,能够充分厘清现有渡河桥梁装备的保障能力与履行任务要求之间的差距,从大处着眼,站在顶层设计高度,合理谋划装备发展体系框架,不断提高渡河桥梁装备的技术水平和作战使用效能。在此基础上,根据非战争军事行动需求,补缺配套、更新换代、完善提高,统筹规划渡河桥梁装备的长远发展,着力开创渡河桥梁装备发展的新局面。

(一)充分发挥渡河桥梁装备的作战效能

提高渡河桥梁装备的作战能力服务是非战争军事行动渡河桥梁装备运用研究的根本目的。由于非战争军事行动的突然性大,情况变化急剧,渡河桥梁装备在遂行非战争军事行动中运用的内容、手段和要求须呈现出与作战工程保障截然不同的特点。通过研究不同任务类型、不同运用环境和不同运用条件对渡河桥梁的单个装备、单类型装备和体系装备作战效能的影响,以及不同人员

编组对作战能力的影响,不仅有助于指挥人员和作业人员正确认识渡河桥梁装备在不同作战环境下、不同非战任务运用的作战能力和特点,最大限度地发挥渡河桥梁装备的非战保障能力,还能为科学使用装备、优化运用编组、提高运用效能提供可靠的依据。装备运用研究的理论成果,对渡河桥梁装备的作战运用具有重要的影响作用,对于充分发挥装备的作战效能,进一步提高作战使用效率等,都将产生积极的影响。

(二)探索渡河桥梁装备的非战运用方法

渡河桥梁装备在非战争军事行动中的运用方法,是装备技术与具体行动相结合的产物,对任务的达成、运用效能的高低都起着十分重要的作用。任何一种渡河桥梁装备在投入使用之前,首先必须解决运用的方法问题,既有技术运用的方法问题,也有战术运用的方法问题。其次,不同的装备各有其特点,必须仔细考察和分析影响渡河桥梁装备在非战争军事行动中运用的客观条件,诸如现场环境、运用对象、使用样式、装备战术技术性能、人员编组、装备保障能力等方面的状况,并要研究这些客观条件在不同情况下对装备运用所起的作用,从而揭示与各种任务类型、行动样式相适应,与客观条件相符合的渡河桥梁装备运用方法。

(三)建立渡河桥梁装备的非战编组与技术保障方案

开展非战争军事行动渡河桥梁装备运用研究,应着力解决渡河桥梁装备的编配、技术保障和行动训练等相关问题。确定渡河桥梁装备在不同类型的非战争军事任务中的编组与技术保障方案,根据任务需求分析渡河桥梁装备的编配是否合理,不仅关系装备完成任务的能力,而且涉及编制体制、行动指挥、行动协同、技术保障、后勤保障等众多问题。通过深入开展非战争军事行动渡河桥梁装备运用研究,建立的装备非战行动编配方案,既可为上级机关科学合理地编配装备提供决策依据,也可为部队合理编组使用装备提供参考,为提升渡河桥梁装备的非战争军事行动保障能力提供保障;建立的技术保障方案,为部队建立科学高效的非战争军事行动装备技术保障体系提供理论依据,为解决训练中遇到问题和困难提供技术支撑,保证渡河桥梁装备快速形成非战争军事行动的能力。

(四)推动渡河桥梁装备的创新发展

工程装备是工程兵部(分)队战斗力的重要组成部分,也是遂行任务的物质基础,工程装备的好坏直接影响着遂行非战争军事行动任务的效果。我军部分现役渡河桥梁装备性能还存在不足,不能适应非战争军事行动任务需求。有些老型号的操舟机功率较小,可靠性不高;大部分渡河桥梁装备对江河岸边条件及流速要求较高,难以适应在复杂环境下使用;部分现役舟桥底盘车采用下滑式卸载或装载,陡岸条件下装、卸载较难实现,对泛水场地要求较高,严重制约了展开作业的速度和使用效果;部分舟桥装备自身不带动力,在执行任务时需要与汽艇配合作业,也影响了实际使用的时效性。部分桥梁装备的整车架设长度较小,通载能力有限,还有些桥梁装备车体长、自重大,机动不便,对架设场地要求较高。加上渡河桥梁装备型号多、通用性不强,应急能力有限。必须采取措施提高渡河桥梁装备的保障能力。非战争军事行动渡河桥梁装备运用研究可以为装备体制系列分析提供单装作战效能的依据,面向典型非战争军事行动任务的渡河桥梁装备运用研究,分析问题具体、细致,可为渡河桥梁装备体系优化提供数据支撑,从中发现装备在战术和技术运用上存在的优长和不足,为渡河桥梁装备的发展与完善提供建设性的意见,是联系作战需求和装备发展的重要桥梁,对于未来渡河桥梁装备的创新发展具有巨大的推动作用。

二、非战争军事行动渡河桥梁装备运用研究的方法

渡河桥梁装备在非战争军事行动中的运用深入而广泛,不同装备、不同层次、不同任务背景、担负不同行动任务的部(分)队建制、渡河桥梁装备的编配现状等有各自的特点,必须考虑研究内容的客观要求,选取不同的研究方法。

(一)理论研究法

通过系统地研究渡河桥梁装备的发展和在非战争军事行动中的运用,潜心钻研非战争军事行动国内外具有代表性的渡河桥梁装备运用案例,从中总结出非战争军事行动渡河桥梁装备作战运用活动规律性认识。研究不同任务类型、不同时期的渡河桥梁装备运用案例,以最新运用为主的原则;坚持研究非战争军事行动外军与我军渡河桥梁装备运用案例相结合,以我军为主。

(二)虚拟仿真法

虚拟仿真法是利用计算机和虚拟现实技术,模拟逼真的非战争军事行动环境和渡河桥梁装备,通过反复推演,获得有价值的信息。随着新型渡河桥梁装备不断编配部队,非战争军事行动的现实需求不断催生出许多迫切需要解决的

问题,但有些问题在实践中检验有许多困难,有些任务背景甚至是无法真实设置的。因此,围绕当前非战争军事行动的任务特点,从装备综合运用的观点出发,利用虚拟现实 VR 技术逼真地模拟与非战争军事行动任务特点相一致的任务环境,对渡河桥梁装备的运用进行仿真试验,评估并优化装备编组、配置和运用方式方法,进而为渡河桥梁装备的运用优化提供决策支持。

(三)实践演练法

在情况诱导下进行的近似实战的综合性装备运用演习,对理论研究成果如装备指挥方式、编配方案、战斗编组、使用时机、使用方式、装备保障方案等是否符合实际进行检验。要结合地方区域及非战争军事行动任务的特点,从难、从重、从险地经常性组织预案演练,确保预案的可操作性。有针对性地对人员和装备开展适应性训练;总结以往部队参加的非战争军事行动的经验,加强直观认识,通过快速反应的训练,确保第一时间出动,为救援赢得宝贵战机。根据部队可能担负任务的实际需要,吸取既往经验,制订出多种条件下的技术保障计划预案,根据险情的特点,及时修订完善,使技术保障做到预有准备,避免忙乱,减少失误;加强对非战争军事行动工作的研究,努力提高处置各类灾害事故的能力。

第二章　非战争军事行动中渡河桥梁装备运用基本问题

渡河桥梁装备可直接用于非战争军事行动,主要包括舟桥装备、桥梁装备、轻型渡河装备、路面与侦察装备以及配套动力装备等。要在非战争军事行动中用好渡河桥梁装备,充分发挥装备的作用,必须明确渡河桥梁装备运用的任务,了解不同装备的特点与用途,精准把握不同渡河桥梁装备的适用条件及运用影响因素,最大限度地发挥装备的效能,进一步提高军队遂行非战争军事行动的能力。

第一节　非战争军事行动中渡河桥梁装备运用的任务

一、舟桥装备

舟桥装备包括特种舟桥、重型舟桥、自行舟桥和轻型门桥等。在抗洪抢险、地质灾害救援等行动中用于解救、转移或者疏散受困人员,架设浮桥和开辟水上运输线,运送土石方、物资、工程机械等;在交通应急抢险行动中,可用于运送受伤人员、疏散灾区群众、恢复交通和抢运灾区物资等;在事故救援和反恐维稳行动中,能够为救援力量提供工程保障,为遭破坏的桥梁和相关行动提供水上通道。抗震救灾行动中,渡河桥梁保障分队必须在最短的时间内打通水上通道,所面临的困难难以预测,给救援装备和救援人员带来巨大挑战。

舟桥主要用于河幅较宽的江河上当大型原有桥梁遭到破坏,短期内无法修复,需架设新桥克服障碍时使用。舟桥既能开设门桥渡场也能开设浮桥渡场,并能保障各种装备、车辆和人员通过,具备良好的机动性能,具有作业机械化程度高、结构简单、架设速度快等特点。

我国自然灾害频发,给人民生命财产带来巨大损失,舟桥装备在非战争军事行动中运用十分广泛,发挥着举足轻重的作用。1975年8月,河南发生特大洪水,我军各部队接到上级命令积极组织救援,投入兵力8000余人,携带62式重型舟桥、波波斯特舟数套、轻型渡河器材158件(套),各种舟(艇)1000余只,架设各类浮桥、低水桥、木质桥总长达1800余米,在救援行动中,共转移群众4万余人、粮食2000余吨,运送各种物资、药品共计5000余吨,抢救牲畜6000余头,车辆数百辆。1976年,唐山地震抢险救灾行动中,在地震当天,北京和沈阳军区的2个舟桥团就奉命向唐山方向开进,分别在蓟运河和六股河、滦河渡口开设浮桥渡场,经过连续昼夜作业,架设3座浮桥,保障了救援通道的畅通。

2008年的"5·12"汶川地震中,桥梁损毁6000多座,灾区道路几乎全部瘫痪,通往震中汶川4个方向上的道路迟迟难以打通,在这危难时刻,某工兵团奉命在都江堰紫坪铺水库架设了长25.5m、宽6.4m、装载60t的漕渡门桥,保障了人员、大型机械和重要救灾物资进入震中抢险,为救灾赢得了宝贵的时间,在救灾中发挥了举足轻重的作用,被灾区群众誉为"救命桥"。

二、桥梁装备

桥梁装备包括冲击桥、机械化桥、支援桥、桁架桥、伴随桥和徒步桥等。在非战争军事行动中,能够用于架设和抢修桥梁,克服沟渠及江河障碍,保障通道畅通;在条件复杂的环境下可以架设徒步桥,用于人员通行,为相关行动提供通行保障。维和行动中通常利用装配式公路钢桥或就便器材架设桥梁。

重型机械化桥机械化程度高,通载能力强,架设速度快,主要用于原有桥梁遭到严重破坏,短期内无法修复的情况下,根据需要架设桥梁克服障碍时使用。重型机械化桥要能够保障履带式50t、轮式轴压力13t以下的各种装备、车辆和人员通过,能够克服一定深度和宽度的河川、干沟和沼泽等障碍,具备良好的机动性能,具有机械化程度高、架设速度快、作业人员少等特点。

轻型机械化桥同样具有架设速度快的特点,但其通载能力受到一定限制,主要用于原有桥梁遭到严重破坏,短期内无法修复,且需要通过的荷载为轻型车辆或人员时使用。

冲击桥克服障碍能力较弱,当道路出现坍塌、塌陷,或者原有桥梁遭到严重破坏,短期内无法修复,且障碍物跨度较低时使用,也可以采用在原有桥梁上方架设桥上桥的方式使用。

轻便钢桥主要用于道路出现坍塌、塌陷在10m以内,短期内无法修复,需要保障5t以下的轻型车辆克服障碍时使用。

2011年,"3·11"日本地震期间,日本陆上自卫队在福岛、宫城两县多地分别运用81式机械化桥、中型桁梁桥（MGB）架设应急桥梁,确保了当地搜救行动和后续清理、重建工作的顺利进行。其中,第4师第4工兵营在宫城县南三陆町户仓地区横津桥附近、第6师第6工兵营在宫城县尔松岛市尔名运河上,利用81式机械化桥分别架设了长约30m的临时桥梁。第2工兵旅第104工程器材队所属的架桥连在宫城县南三陆町志津川地区国道45号线水尻桥上、第5工兵旅第103工程器材队所属的架桥连在福岛县相马市县道74号线立交桥上,利用现场残留桥基和中型桁梁桥（MGB）,分别架设了长约40m和28m的临时桥梁,迅速打通了因桥梁损毁而中断的交通线。

三、轻型渡河装备

轻型渡河装备包括橡皮舟、冲锋舟、突击舟等,该类型装备水上自重轻、机动灵活、搬运方便、载重量适当,是抗洪抢险行动中十分重要的救生器材。舟上一般挂有操舟机,舟内配置钩篙、桨、系留绳、救生圈等辅助器材,以备特殊情况下使用。

橡皮舟作为使用广泛的轻型渡河装备,主要用于抗洪抢险的水上搜寻、救助,转移受灾群众,救援时也可用于水上指挥、抢救转移重要物资和输送抗洪抢险物资等。必要时,还可用于水上情况信息传递。既能用桨划行,又能用操舟机漕行。橡皮舟比较易破损,且破损后不易堵塞漏洞,载重量因此会大打折扣,处理不当,往往会出现舟体倾翻、人员落水的二次险情。因此,在河底障碍物较多、条件复杂的灾区不宜采用。而前两种舟体均为玻璃钢制成,在河底障碍物较多、条件复杂的灾区救护时,最好使用这两种舟。

冲锋舟具有重量轻、便于运输等特点,既能用桨划行,又能用操舟机漕行。抗洪抢险时,可以执行水上搜寻、救助、转移受灾群众等任务,也可为水上指挥提供平台,抢救转移重要物资和输送抗洪抢险物资等,必要时,还可以用于水上通信。

轻型渡河装备在非战争军事行动中,能够用于工程侦察、人员搜救、转移和物资运输。1998年夏秋之际的抗洪抢险,原长沙工程兵学院教练营营救分队利用冲锋舟1个晚上救人2700多名;原广州军区某集团军舟桥团专业军士李长志随部队转战湖南1市5县,驾驶冲锋舟救人1400多名;武警黑龙江总队"水上突击队"利用橡皮舟9昼夜救人2162名;天门预备役舟桥团三出天门,利用冲锋舟救人9693名;湖南省民兵舟桥团利用轻型渡河装备解救被洪水围困群众共达11万人之多。2021年7月的郑州暴雨洪灾,军队和消防救援队伍出动几十艘冲锋舟参与抢险救援,取得了十分显著的效果。

四、路面与侦察装备

路面装备包括机械化路面、轻质路面和装甲路面等。在非战争军事行动中,能够用于克服松软泥泞路段,架设桥梁的两岸或江河渡口克服影响机械车辆通行的进出路或接近路,铺设临时修筑的道路路面,也可用于铺设物资存放、运输的场地。

侦察装备主要包括便携式侦察装备与车载侦察装备等。工程侦察车具有良好的越野性能和较强的机动能力,具有一定的载重量和稳定的工作性能。车内配装陆地工程侦察所需要的主要器材,结构合理,操作简便,携带方便。能够快速判定松软、泥泞地通行能力,准确标定道路路线,进行工程测量和观测,快速测量流速。江河工程侦察车,既能在陆上行驶,又能在水上航行,越野性能好,机动能力强。侦察时,能够快速测量河幅、流速、水深,自动采集、综合处理、打印各项数据及绘制江河断面图;此外,所配备的流速仪能够快速、准确地进行流速测量。

五、配套动力装备

配套动力装备包括汽艇、操舟机及船艇。各类船艇水上机动性能好,载重量较大。目前,我军装备的各式汽艇均可作为救生艇使用。但汽艇的泛水作业难度较大,水上机动时对航道的要求较高。在水较浅、水中障碍比较多的泛洪区一般不宜使用。

汽艇具有动力足和便于操作等特点,主要用于架设浮桥时牵引、顶推门桥进入桥轴线和投、起锚,门桥漕渡时牵引、顶推、旁带门桥,也可用于抗洪抢险的水上搜寻、救助、转移受灾群众和水上指挥,抢救转移重要物资和输送抗洪抢险物资等,必要时,还可以用于水上通信。

操舟机具有操作简单、工作性能稳定等特点,主要用于给橡皮舟、冲锋舟提供动力,完成水上搜寻、救助、转移受灾群众,抢救转移重要物资和输送抗洪抢险物资等任务。

在非战争军事行动中,汽艇和船艇能够为水上装备提供配套动力,也可直接用于工程侦察、人员搜救、转移和简单的物资运输。在"东方之星"沉船救援行动中,救援浮桥和门桥的主要动力是汽艇和动力舟,水上搜救使用的冲锋舟、橡皮舟等轻型渡河装备也是用操舟机作为配套动力。

第二节　非战争军事行动中渡河桥梁装备运用的特点

随着国家利益的不断拓展和国家安全形势的发展变化,恐怖活动、重大群体事件、自然灾害和安全事故等非传统安全威胁日益增多。非战争军事行动具有突发性强、情况复杂、任务紧急、参战力量多元等特点,涉及全局性、敏感性问题日益突出。渡河桥梁装备作为遂行非战争军事行动任务的重要装备器材参加此类行动较多,切实提高渡河桥梁装备完成非战争军事行动任务的能力,具有十分重要的现实意义。

一、装备运用突发性强,准备时间短

灾情突发,交通应急抢险时效性强。灾情发生后,国家会在最短的时间内,根据灾情危害程度作出决策部署。救灾力量受领任务后,以各种方式迅速向灾区机动,救灾发生后的72h是实施人员搜救的"黄金时间",救灾力量越早到达灾区,救灾成效就越高。如果渡河桥梁装备不能先期部署到位,打通灾区道路,修通损毁桥梁,各种救援力量将会因交通中断无法进入任务区。因此,救灾行动的急迫要求使得行动任务紧急,时效性强。任务来临突然,行动准备时间紧,要求应急指挥机构具备快速反应能力。由于抗洪抢险,抗震救灾等非战争军事任务事发突然,部队受命急、行动快,兵力调整频繁,应急处置情况多,准备时间紧张,要求渡河桥梁装备必须快捷启动,能够迅速作出反应。

（一）任务地点多变,行动高度分散,要求指挥具备较强的统筹能力

在完成非战争军事行动中,部队部署往往呈现小集中、大分散的特点,部队的机动、集结等地点多变,各种保障资源分散配置,对整体行动的指挥和控制难度大,因此对执行非战争军事行动的渡河桥梁装备必须具备较强的控制能力。

（二）行动瞬息万变,参与力量多元,要求力量协调具备较强的整体联动性

遂行非战争军事行动时,准备时间短,作业任务重,要求渡河桥梁装备具备较高的应急能力。非战争军事行动工程装备保障,部队预储的工程装备器材无论是种类还是数量都远远满足不了任务需求,为了在短时间内极大地提高工程装备器材的保障效能,必须跳出完全依托自我保障的思维,依靠地方政府、各方

社会力量密切配合,迅速把社会保障潜力转化为工程装备保障实力,建立和完善平战一体、寓军于民的联合保障机制。无论在战争行动还是在非战行动中,渡河桥梁装备完成任务将在上级的统一指挥下,涉及友邻部队和地方政府与群众,关系协调比较复杂,必须具备较强的整体联动性。

(三)任务地区环境恶劣,行动条件艰苦,要求保障系统具备较强的自我保障能力

我国幅员辽阔、江河桥梁众多,面临着多种可能的破坏,所以,克服由于地域广阔、河流众多、地貌多样等多种因素的制约而造成的保障困难,满足非战争军事行动日趋常态化的各种保障需求难度大。由于现有的渡河桥梁装备品种多,型号杂,行动时,各部队维修器材的携行量配备不齐,常用易损件数量不足、种类不全,甚至在后方保障基地,所需的维修器材也不能全部保障,给执行非战争军事行动任务特别是连续性任务带来了严重困难。

二、运用中影响因素多,使用时效强

非战争军事行动任务的特殊性,对渡河桥梁装备保障的要求很高,因此,必须积极谋划,全力做好装备保障工作。

(一)统筹全局,把握重点

一是科学决策。装备指挥机构要根据形势任务发展变化的需要,认真分析形势,把握事态变化,理清工作思路,决定器材投向,关键时刻要打破建制,聚合保障力量和资源,组建突击保障队,合力攻坚。二是强化统管。多军种参加的非战争军事行动,要按属地关系确定保障力量的统管权限,采取集中掌控与分散部署相结合的方法。对主要维修技术力量,要统一调配、集中使用,科学实施建制保障与区域化保障,强化装备统管力度,优化保障力量结构,探索完善保障手段,提高整体保障效益。三是精确保障。精确预测保障需求,确定保障目标,综合运用信息技术随时跟踪各点位装备保障情况,及时、全面、准确反馈信息,梯次部署保障力量和资源,科学决策,精确指挥,选择最佳保障方式,实施精确供应,以求取得最佳军事和经济效益。

(二)军民结合,一体保障

组织地方技术力量支援部队,既是我军优良传统,也是渡河桥梁装备完成

非战争军事行动的客观要求。完成非战争军事行动任务,要求装备保障能力必须具有持续性。但目前的保障能力与需求之间存在着较大差距,完成非战争军事任务时,除上级加强的装备保障力量外,必须重视利用和依靠地方技术力量的支援。因此,应有计划、有组织地将任务地区内的地方技术力量和军工企业专业技术人员纳入装备保障体系之中,统一编组、合理搭配,建立军民结合的一体化装备保障格局。要始终确立军队在军民一体化保障中的主体地位,地方保障资源是军民一体化保障的重要补充,军队装备保障指挥机构要根据任务进程和上级命令、指示,协调地方有关机构,确定民用装备保障资源投向。

(三)科学编组,正确部署

适应渡河桥梁装备完成非战争军事任务的需要,可考虑将装备保障力量编组为机动保障组、定点保障组和器材组。机动保障组由装备保障技术骨干组成,配备野战抢救、修理装备和常用维修器材等;任务是对重要方向加强装备保障力量,抢救、抢修短时间内能够修复或无法后送的渡河桥梁装备,以及完成临时性装备保障任务。定点保障组由装备保障力量大部分人员和加强、地方支援的修理力量组成,配备较齐全的野战修理装备、设备和常用维修器材等;任务是抢救、抢修渡河桥梁装备、器材,完成部分零配件的修复,加工等难度较大,以及技术性较强的修理任务。器材组由负责维修器材的装备保障人员组成,负责渡河桥梁装备、维修器材等的请领、筹措、保管、收发、装卸和前送等任务。装备保障部署必须与保障对象的要求相适应,可根据实际情况,灵活采用集中部署、成梯队部署、按方向部署等模式,以满足渡河桥梁装备完成非战争军事行动的任务要求。

(四)建立相应的使用协调机制

近年来,国内外发生的一些自然灾害、恐怖事件启示我们,渡河桥梁装备专业技术人员在非战争军事行动中的作用越来越大,有效、及时地发挥其作用是应急指挥机构执行各种非战争军事行动任务的重中之重。为此,应针对专业技术人才的地位作用建立相应的使用协调机制,确保部队一旦有任务,就能够果断决策下令,快速调集专业技术力量,合理运用专业技术手段,在最短时间内最有效地应对非战争军事行动任务。此外,还必须与当地政府处理重大突发事件的应急指挥机制相衔接,在组织形式上和运行机制上与其保持协调一致。

三、作业环境复杂,装备运用难度大

为了争夺救援时间,保障各救援力量快速、顺利进入灾区,渡河桥梁分队必须先于或同步于救援力量行动,清除主干道路障碍,迅速恢复交通畅通。由于灾害产生的山体滑坡、泥石流等原因,会造成先期抢通的道路再次中断,道路、桥梁维护保障分队不得不多次进行抢修和维护。因此,在不影响后续救灾部队交通保障持续行动的情况下,还必须经常派驻部分力量对已恢复的桥梁、隧道、易坍塌地段等关键路段进行及时抢修和维护。行动物资消耗量大,物资筹措和运输任务重;在物资供应到位前,任务分队后勤保障完全依靠部队携、运行,后勤运输保障任务重;作业时,由于地形、地貌等条件影响,按照装备技术性能,通常编成多个抢修作业分队,分散部署在多个抢修作业地段,同时展开抢修作业。作业分队部署分散,作业点间隔距离较远,极大地增加了后勤和装备保障的困难。现有交通要道,目前主要是钢混结构的永久性桥梁,单跨跨径一般在 20~30m,少数单跨跨径达 40~50m,个别单跨跨径达 70m 以上,这些桥梁一旦破坏,利用现有渡河桥梁装备去修复极为困难。有些高原地区,山高路陡、谷深且狭,或悬崖绝壁,沿岸线的泛水作业正面极其有限,利用舟桥装备构筑临时渡场的难度极大,现有舟桥装备的泛水作业极难展开。

四、环境恶劣,保障难度大

环境恶劣,部队自身机动受限。一方面,灾区道路交通设施损坏严重,社会经济秩序短时间无法恢复等因素造成渡河桥梁装备自身机动受限,可能得到的地方支援和帮助都受到不同程度的影响。另一方面,救灾装备既有用于交通应急抢险的渡河桥梁装备、大型工程机械,又有用于官兵生活的保障装备等,类型复杂、数量繁多,部分重型装备还属于超限装备,对转运工作还存在特殊要求,必须借助地方运力支援实施行动,也在一定程度上限制了渡河桥梁装备的机动速度。当前,完成非战争军事行动的地区通常环境条件恶劣,物资供应困难,而渡河桥梁装备行动时出动兵力多、完成任务持续时间长、各类保障物资消耗巨大,信息收集、后勤和装备保障等任务艰巨。因此,在执行任务前期必须立足自我保障,部队必须具备较强的自我保障能力。

五、行动力量多元,协同指挥难

非战争军事行动的行动规模大、任务艰巨、专业技术复杂、时效性要求高,

仅仅依靠单一的力量是难以完成的。大多是联合行动,参与单位多,整体性强。在参与非战争军事行动的力量运用上,以工程兵充当技术骨干和机动应急力量,按照就地就近原则,配合公安、武警部队、地方政府和其他力量共同行动。在联合指挥部统一计划、统一指挥、统一协调下,在广大人民群众的密切配合下,使军警民成为一支一体化的强大力量,以适应非战争军事行动的任务需要。但是在遂行任务行动中,受各种情况限制,各方在任务规定上还不够具体,在责权区分上还不够明确,在保障机制上还不够健全,在指挥关系上还不够顺畅,与应急抢险救援任务的要求之间还有差距,特别是跨区遂行任务时,各种机制不够健全,导致行动中的指挥协同难度较大。

第三节 非战争军事行动中渡河桥梁装备运用的影响因素

在非战争军事行动日趋增多,甚至呈现常态化的形势之下,非战争军事行动日益成为国家军事力量运用的重要方式。非战争军事行动具有很大的不确定性,无论是反恐、维稳、处突,还是维权、维和、抢险救灾,具体行动样式千变万化,受政治、经济、文化和社会因素制约多。完成非战争军事行动任务,要着眼应对最复杂最困难情况,充分研判各种影响因素,结合担负的任务进行认真梳理,切实增强准备工作的针对性。特别是参加涉外军事行动时,还要充分考虑任务地区(国家)的安全环境、物资筹供能力、自然气象条件等因素,尽可能地多预想几种困难情况、多准备几手应对措施,切实提高应变能力。对渡河桥梁装备的运用来说,主要包括任务性质、自然环境、装备性能和保障条件等影响因素。

一、任务性质的影响

在反恐维稳行动中,恐怖分子的简易爆炸装置等会对人员与渡河桥梁装备造成巨大的威胁,外军在伊拉克和阿富汗战争中有过相关教训。现有的渡河桥梁装备防护能力薄弱,需要通过安装模块化装甲、自动灭火探测装置、核生化三防系统、防雷组件等方式来提高乘员的防护水平,用于防护轻武器火力、简易爆炸装置等多种威胁。

高原高寒地区山高坡陡、道路崎岖、公路稀少、路况差、运力受限,渡河桥梁装备投送困难,部分地区气候恶劣,空气稀薄,人员和装备作战效能发挥受限。特殊的地理环境对遂行非战争军事行动任务提出了挑战。由于沟壑纵横,既无横向路,也无迂回路,桥梁形成了咽喉要道,架设及抢修桥梁的意义十分重大。目前,大部分桥梁器材还不能克服单跨超过 70m 的障碍,并且对环境的适应能力不强。

装备的机动对道路要求较高,一般的急造军路不能满足底盘车的机动要求,并且对架设场地也有要求,不能完全适应高原高寒地区的复杂地形。

部分渡河桥梁装备性能也存在不足。例如,操舟机功率不够,可靠性不高,大部分渡河装备对岸边条件及流速要求较高,难以适应复杂环境;大部分舟桥装备难以实现陡岸环境下的装卸载,严重制约了救援展开作业的速度;能够在中小型江河执行任务的舟桥装备大部分不具备动力,需要配套的汽艇、动力舟等配合。部分桥梁装备对架设场地要求较高。加上渡河桥梁装备通用性不强,应急能力有限。

二、自然环境的影响

遂行非战争军事行动时,有些任务地区位于山区,公路多、路线长,多数地方道路狭窄,交通未形成网络,在道路损毁的情况下,途中无法迂回和绕行,整条线路的交通功能丧失。有些任务地区地质构造复杂,地形破碎,风化严重,泥石流、滑坡多发,公路的损毁非常严重,公路被整段冲毁或被滑坡覆盖。对渡河桥梁装备来说,快速机动的保障需求较高,机动途中的恶劣环境,严重影响了装备的作用发挥。

在山地高原地区,主要交通干线大多为单线通道,未形成交通网络,基本上不能迂回。除雅鲁藏布江、伊犁河等极少数大河外,其他基本上为季节性河流,水浅、流急,对舟桥器材的使用有较大限制。由于山区地形狭窄,弯小,装备的展开困难,有些渡河桥梁装备采用大型军用越野底盘车作为运载平台,车辆的转弯半径和扫掠直径均较大,在山区弯道上机动有一定的困难。山地地形缺乏宽大的架桥场地,大型桥梁装备难以顺利展开和架设。此外,因高原地区空气稀薄,机械和人员的作业效率也会大大降低,对渡河桥梁装备所用电液元件和信息化设备的性能发挥也有一定影响。高原地区海拔高,气压低、空气密度小,导致电子产品空气绝缘耐压降低,容易产生故障,对电气设备的性能影响很大,特别是对电子设备而言,低气压对其影响尤为显著。一般情况,在海拔 0 ~ 5000m 范围内,气压每降低 12%(相当于海拔增高 1000m),电晕电压和外绝缘强度低 8% ~ 13%。随着气压的下降,高压绝缘距离会大幅度下降,可能会出现高压部件绝缘下降导致出现打火、放电现象,导致设备工作异常。

在高海拔地区,渡河桥梁装备上的机电设备正常工作也会受到影响。在海拔 1000m 以下、气温 30℃ 以下时不用考虑其对发动机功率的影响,但超过 1000m 时,必须结合海拔高度和气温变化对发动机功率进行换算。例如,有的发动机,在气温 40℃、海拔 4000m 时,发动机功率下降至 66%;在气温 40℃、海拔 5000m 时,发动机功率下降至 59%。随着海拔升高,气温呈线性下降,高原的最低气温 −30℃ 以下,内燃机的低温启动问题与平原寒冷地区基本相似,但加上高原地区的缺氧和发动机的着火启动性能较平原差。低温对电机的散热有利,但对小型电动机的启动有一定的影响。由于气温低使润滑脂稠度增大或凝固冻结,引起静态阻力增加,使启动变得困难。当润滑脂低温冻结后,丧失润滑能力,启动时与轴承摩擦发出尖哨声,加速轴承磨损。

自然条件恶劣,增加了维修器材的消耗。气温低、温差大,有些地区昼夜温差在 20℃ 以上,气温的急剧变化加剧了机械磨损,轮胎、密封件等橡胶制品老化,蓄电池容易破裂,渡河桥梁装备在这种情况下运行,零部件磨损加剧。高原地区日照长,紫外线强烈,机械外表容易褪色、脱漆,轮胎的使用寿命缩短。

三、装备性能的影响

部分渡河桥梁装备性能不足,如部分操舟机功率较小,可靠性不高,难以在漂浮物较多的水域工作;部分桥梁装备架设长度较小,通载能力有限,体积大、构件重、机动不便;大部分渡河装备对渡场及流速要求较高,难以适应复杂的灾区环境;渡河桥梁装备通用性不强,协同保障能力不足。现有的渡河桥梁装备主要以钢、铝合金等材质为主,有些渡河桥梁装备如传统的装配式公路钢桥,在抢修救灾中,人工作业强度大、单跨桥梁的克障效率低、多跨架设困难。在对洪水和泥石流冲毁的路段进行抢修时,可采用架设桥梁的方式快速抢修损毁路段,对于数十米甚至上百米的损毁路段,需要架设多跨桥,有的桥墩高度超过 20m,现有装配式公路钢桥难以满足要求。重型舟桥装备在泛水时,对岸边的坡度和土壤承载力要求较高,野外环境下的陌生水域,岸边往往不能满足器材泛水的要求,特别是在山区高原环境下,有些河流因岸高、坡度,舟桥装备运载车难以抵达岸边实施泛水。

目前,机械化架设的桥梁装备,一般采用翻转式、剪刀式或平推式架设原理,并以剪刀式和平推式为主。山地高原伴随桥,虽然作业机械化程度高,架设速度快,但其后向架设/撤收的方式不适用于山区公路,且单车架设长度偏短及承载能力较低,影响了装备的适用范围。山地高原轻型支援桥的研制目标是提高桥梁装备的地形适应能力,但在山区遂行非战争军事行动任务,特别是山区道路受损后,道路狭窄,车辆掉头困难,进一步增加了大跨度桥梁的架设难度。有些桥梁装备对场地要求高,需要大量的人力、物力平整场地;有些桥梁装备采用车尾架设方式,需要在架桥点进行掉头,在道路条件恶劣的情况下无法展开作业。在山地高原条件下,由于受地形和公路条件的限制,有些架设方法可能难以实现。例如,车辆在架桥点架桥困难,或者悬臂推送架设场地不足,或者人工作业劳动强度大,或者障碍情况复杂等。又如,在"5·12"汶川地震救援中,在抢修跨越岷江的彻底关大桥时,由于我岸场地受限,必须从对岸向我岸架设。全部器材和架桥设备绕行了700多千米、用时两周才转运到对岸,极大地影响了救援行动的展开。

在"5·12"汶川地震中,部队官兵虽然曾用冲锋舟开辟了通往震中的生命通道,用门桥架起了通往震中的生命线,用战备钢桥搭建了救援补给通路,但是,也不难看出,面对严重的自然灾害和突出的救援需求,现有渡河桥梁装备发挥的作用是远远不够的。无论作战工程保障还是平时抢险救灾,工程兵部(分)队都面临紧迫的交通应急工程保障任务。现有的渡河桥梁装备体系并非不能遂行这类任务,但是由于手段的目的和用途不同,尚存在较大的能力局限,诸如快速部署能力、多样化的自部署能力、实用化的路桥损毁快速检测与评估手段、现有损毁桥梁快速抢修能力等。近几场抢险救灾行动深刻地暴露了我工程兵以核心作战能力需求建立的装备体系在执行诸如"5·12"汶川地震等非战争军事行动的能力缺陷,从而需要我们立足多样化军事任务需求,重新谋划渡河桥梁装备新体系。

四、保障条件的影响

在有些行动地区,因地域广阔、人烟稀少、技术落后、经济条件差,工业基础几乎为零,不具备零配件加工制作条件,渡河桥梁装备在完成作业过程中所消耗的维修器材必须依托其他途径保障。有些地区维修器材保障点相距几百甚至上千千米,在维修器材保障过程中运输损坏增加,由于装卸次数增多、运距长、路况差,器材运到目的地可能会造成损坏或丢失。非战争军事行动任务也是军地多方协作的联合行动。由于渡河桥梁装备动用率高,配套附件多,涉及技术领域广,在装备损伤或出现突发情况急需补充或维修时,相关保障往往不能起到"及时雨"的作用。近年来,虽然创新了战备物资储备方式,探索出了军队储备与地方企业相结合的储备路子,但是由于渡河桥梁装备的品种多,型号杂,各部队维修器材的携行量配备不齐,常用易损件数量不足、种类不全,甚至在后方保障基地,所需的维修器材也不能全部保障,给工程装备保障部(分)队执行非战争军事行动任务特别是连续性任务带来了严重困难。

第三章　渡河桥梁装备在抗洪抢险行动中的运用

据联合国救灾协作机构统计,在15种主要的自然灾害中,洪涝灾害造成的损失和人身死亡高居首位。我国历史上也是洪灾频繁,由此酿成的堤坝溃决、洪水泛滥、房舍倒塌、人员伤亡等灾害性后果,给我国人民造成了巨大的痛苦和深重灾难。在抢险救灾行动中,充分发挥渡河桥梁装备的优势,以工程技术手段实施抢险救灾,能够避免或减少灾害所造成的损失,最大限度地保护人民的生命财产,保障受灾地区的生活和生产,保卫社会的稳定和安全。

第一节　任务与环境

一、任务

抗洪抢险是一项军民协作、共同抵御洪涝灾害的联合行动。使用渡河桥梁装备执行抗洪抢险任务,应本着将本部队的行动置于整个抗洪抢险的全局,以积极的行动、积极的保障完成各项任务。

(一)实施工程侦察

抗洪抢险行动中,及时准确的工程信息是开展抢险救灾的基础,由于灾区环境对抢险救灾行动影响很大,渡河桥梁装备的集结、开进、展开、部署和行动要充分考虑灾区、灾情、水工建筑等工程情报资料。运用江河工程侦察车等渡河桥梁侦察装备器材对相关地区实施不间断的工程侦察,获取大量可靠的工程信息是一项重要任务。

(二)解救、转移和安置受困群众

灾情发生后,全力保护灾区人民群众的生命安全是第一要务,渡河桥梁分队要按照"先救人、后救物,边救人、边救命"的原则,运用冲锋舟等装备第一时间解救受困群众。要充分考虑灾情、险情的连带性、继发性及其涉及面,迅速转移和安置受困群众。为有效利用营救的"黄金期"抢救更多生命、抢运更多物资,要"人歇舟不歇"连续突击。解救、转移和疏散受困群众,要根据灾情的急缓程度灵活组织实施,力争在洪水泛滥成灾前,将大部分群众转移至预定安置点。若洪水已泛滥成灾,则要全力解救遭洪水袭击的群众,及时派出人员,利用大型船、艇和小型输送工具相配合的方法,将受困群众及时转移至救助点或安全地方。

(三)保障抗洪抢险通道畅通

洪涝灾害不仅会导致城市、乡镇、村庄等大面积积水,还会淹没通行道路、冲毁道路和铁路、堵塞航道,严重影响渡河桥梁分队快速机动救援,因此,可采用机械化桥克服受损道路,架设浮桥取代无法及时修复的桥梁以确保道路畅通,清理水中障碍物开辟水上运输线等措施,切实疏通因灾害而中断的机动路线,保障抗洪抢险力量顺利机动。

在洪水灾害中,道路、桥梁必将遭到破坏,为了确保抗洪抢修行动的顺利进行,必须及时组织力量对受损道路、桥梁进行及时修复。维护和抢修道路和桥梁,主要是对被破坏道路或路段的路面进行平整、对受损坏的路基进行填挖、对受损桥梁进行加固抢修和对场地进行适当的改造。

(四)运送重要物资

灾情发生后,大量的物资、财产和人民群众的安全受到威胁,有些物资一旦受到破坏必将给国家带来重大损失,因此,在集中主要力量解救受困群众的同时,若条件允许,应该组织力量抢救国家和人民物资财产,并尽力运送到安全地带,对于难以运送的大型物件、固定资产和来不及运送的贵重物资,应采取有效的加固和避防措施。抢险救灾使用的救生器材、医疗器材、指挥器材等救灾物资,需要第一时间运送现场,因此,运用冲锋舟、门桥等装备分批次有重点地进行运送和转移可以最大限度地降低国民的经济损失,加速救灾的进程,防止次生灾害的发生。

二、环境

抗洪抢险的环境是渡河桥梁装备运用的客观条件和依据,自然环境、电磁环境及人文环境等对装备运用有着直接的作用,能否正确地认识和利用环境,对于充分发挥装备的战技性能、取得最大作战效能具有十分重要的意义。

(一)自然环境

自然环境是最基本的客观环境,包括地貌、气候、水文、土壤和植被等。抗洪抢险中,自然环境对渡河桥梁装备有重要影响,洪水来势汹汹,江河流速增大,再加上高温、高湿、狂风、暴雨等极端天气影响,装备在高强度连续作业的情况下,很可能超出其所适用的环境条件,而且战术技术性能和作战效能也会降低,装备损耗严重,甚至发生危险。

(二)电磁环境

电磁环境是指在一定空间内所有的电磁辐射形成的环境。抗洪抢险中,大量的军用信息化装备、民用电磁设备和电磁辐射源混杂一起,信号分布密集、形式多样,对渡河桥梁装备运用产生严重影响,可能导致信号传输间断、迟滞,甚至破坏信息传递链,使信息化装备无法正常沟通,影响指挥通信。

(三)人文环境

人文环境是人类在自然地理环境的基础上,通过政治、经济、社会文化和军事等活动形成的人文事物与人文现象的统称。其通常分为政治环境、经济环境、社会文化环境等。渡河桥梁分队执行抗洪抢险任务,是按照国家和军队的统一行动,在遂行任务的过程中,严守政治纪律,做到令行禁止,做好正面宣传和舆论引导,稳定民心,激发斗志,避免在各类网络、电视和广播中出现负面信息,在与地方协同保障事项方面,要充分考虑地方的经济状况,在抢险和救援人民群众的过程中,要严守群众纪律,尊重少数民族的风俗习惯,避免各类军民误解和矛盾的发生。

第二节 运用时机

抗洪抢险的时效性是由洪水灾害的危害特点所决定的。洪水灾害随着时间延长而不断变化,决定了抗洪抢险行动不可能完全按照预案组织实施,必须根据灾情的实际情况,果断采取措施,以弥补行动方案的不足。

一是工程侦察时。洪水灾害的受灾面积比较大,因此,受灾地区需要工程救援作业的点多、面广、质量要求高,涉及的人员、装备多,使作业实施指挥困难,指挥工程复杂。指挥员在组织救援分队的作业时,应当科学计划、制订周密的作业方案;作业中及时了解整个作业情况,掌握进程,搞好各种保障,实施正确指挥,按时完成任务。使用江河工程侦察车、江河工程侦察艇、流速仪、激光测距机、江河断面测量仪对河流、洪水泛滥区域进行不间断测量,为抗洪抢险决策提供第一手资料。

二是向灾区机动时。洪水灾害突发频发,影响区域广,往往下几天暴雨就会危及一个或几个城市,抗洪形势紧急,时间紧迫,任务转换频繁,因此,在运用渡河桥梁装备时,既要立足于预有准备情况,更要重视对突发时机的灵活应对。通过架设桥梁或浮桥保障救援部队快速进入灾区,通常情况下,渡河桥梁装备在抗洪抢险的全过程中都能发挥重要作用。

三是疏通航道时。遇到因洪水冲击倒伏的树木、巨石等拥堵河道,可以使用冲锋舟、橡皮舟、门桥等装备作为疏通河道的工作平台,利用工具、器材或机械等对河道进行疏通。

四是工程抢险时。使用冲锋舟、橡皮舟、门桥等装备通过水路运送沙袋、石子等救援物资、在河中打桩固定封堵决口器材等。

五是城镇和村庄内涝时。使用冲锋舟、橡皮舟、门桥等装备救援和转移人民群众与重要物资。

六是水上巡逻和警戒时。当汛情相对稳定或险情得到临时控制时,可以使用冲锋舟、橡皮舟等装备进行水上巡逻,便于巡查人员密切关注汛情和堤坝的安全状态,一旦发现堤坝出现渗漏、管涌等征兆,能够及时向上级报告。

第三节　方法与编组

一、方法

(一)快速就近展开

抗洪抢险行动往往是与时间赛跑,一旦地方政府需要兵力支援,临近的渡河桥梁分队应按照上级的指示,发挥就地就近、人地两熟、行动快速的优势,第一时间投入抗洪抢险行动中。一是各类装备及时机动至待机地域。灾情发生后,按照抗洪抢险预案及时进行准备,指挥员根据任务和要求,派出侦察力量,收集情报信息,客观分析判断情况,科学定下决心,拟制方案计划,将渡河桥梁装备有序机动至待机地域,随时准备投入救灾行动。二是紧前救人救命救物资。洪水突如其来,可能导致水库垮坝,村庄淹没,大批人民群众根本来不及转移,生命危在旦夕,急切期盼救援,这时渡河桥梁分队最重要的任务就是救人救命,解救受灾群众应根据灾情的急缓程度严密组织实施,力争在洪水泛滥成灾之前,将大部分群众转移至预定安置点。若洪水已泛滥成灾,则应全力解救遭洪水袭击的群众,基本原则是先救集团目标,后救漂散人员。若时间、条件许可,且部队兵力较充足时,在集中主要力量解救灾区群众的同时,以一部力量抢救灾区的国家和人民群众的物资财产。抢险中,只要时间许可,运力充足,就要尽力将重要物资转运至安全地带。对于当时难以运送的大型物件、固定资产,还有些来不及运送的贵重物资,应该采取切实有效的加固和避防措施。

(二)统一力量救援

抗洪抢险行动时效性、不确定性强,加之渡河桥梁装备较多、体量较大、编制不一、性能不同,所以必须统一使用才能确保应对不同任务。一是编制上舟桥装备和桥梁装备不在一个营队,但是遂行任务时,这两种装备通常都是克服水面障碍,所以在运用渡河桥梁装备上要统一,组建的渡河桥梁分队应不断强化统一指挥,加强与上级和受灾地区政府的沟通联系,及时跟踪灾情发展态势,精准掌握兵力动用,做到上下统一,协调一致。二是随着灾情变化,兵力装备使用调整频繁,统一指挥和运用,能够集中兵力保障重点,及时化解险情。洪峰所到之处,危机四伏,部队都需要从一个险段转移到另一个险段,从一个战场转移到另一个战场,所以,任务来临时,应从全局出发,考虑各型装备的特点,统一调整部署,集中主要力量,克服重大险情。三是险情突变性大,需留有预备力量。洪峰过后,隐患仍然存在,次生灾害接连发生,为了争取同洪水搏斗的主动权,确保抗洪抢险的最终胜利,必须建立一定的机动力量,以随时应对突发任务和加强主要方向上的抢险救灾行动。通常情况下,营机动力量保持1个排的兵力,连机动力量保持1个班的兵力。

(三)成建制展开救援

成建制用兵是军事行动的基本原则,抗洪抢险也是如此。渡河桥梁分队包括舟桥分队和桥梁分队,在统一运用的基础上,应尽量建制运用兵力装备,因为指挥员对所属部队情况比较熟悉,遂行任务时可以紧密结合部队人员、装备、作风和能力特点,最快抽调兵力迅速完成任务。同时,军地协调对接简单方便,建制部队食宿地域相对集中,在生活、住房、医疗、用水用电等保障需求方面,可以最大限度减轻地方政府的压力和负担,支援地方抗洪抢险行动。另外,在具体任务地段抢险作业时,按建制区分任务,更便于指挥,利于保障。在建制运用的过程中,发挥统一指挥优势,做到兵力调动到位,及时准确掌握灾情和兵力动用情况,防止灾情大兵力不足,贻误战机,灾情小兵力过多,增加保障负担。做到各项到位,本着最大限度减轻灾区地方政府和群众负担的原则,按照规定要求,立足自身组织生活医疗等保障,军地合力搞好指挥通信、物资器材和交通油料等保障。

(四)依据险情救援

灾情瞬息万变,抗洪抢险也会在实施过程中不断变化,因而,只有随机应变,灵活运用才能更好地完成任务。渡河桥梁分队参加抗洪抢险,往往会碰到刚刚集结出动又受命执行新任务的情况,需要部队在"动"中服从调整,迅速改变机动路线,奔赴新的任务地域,这就需要灵活用兵。一是接到命令后,利用一切手段,尽快、尽多地准确掌握任务相关信息,迅速作出情况判断,指挥员应当机立断定下决心,以免贻误战机,完成准备后,边机动边与灾区搞好对接,确保一到位立即展开行动。执行救援任务期间,在任何环节有任务调整,都应坚决服从,迅速反应,积极调整部署,进行再准备再实施,切忌忙乱无序,耽误宝贵时间。二是要熟悉装备的类型、性能、使用条件,掌握装备的数量、配属、位置、状态,任务来临时,要以险情为基本依据,用什么装备、用多少装备,必须着眼抗洪全局、着眼险情实际,确保既满足需要,又不添忙添乱。三是要善于根据险情、灾情性质,利用各分队的特点,发挥其专长,最大限度发挥其专业技术和先进装备器材优势,将部队顽强的作风与先进的装备器材和技术手段相结合,以达到事半功倍的效果。

二、编组

在时间紧急、任务多样、组织复杂的情况下,想以有限的兵力装备遂行更多急难险重的抗洪抢险任务,就需要进行兵力编组。进行科学合理的兵力编组,能最大限度发挥装备作用,全面提高指挥效能,提升应对复杂意外情况的能力,确保抗洪抢险的实际效果。

渡河桥梁分队编组,应着眼抗洪抢险任务,立足编制和装备特点,进行编组。一是工程侦察模块,以江河工程力量为主,配备侦察装备、器材以及无人机、通信器材以及系统终端等,主要运用多种侦察手段,获取、处理、传输灾区工程信息。二是桥梁模块,由桥梁分队组成,配备制式桥梁、相关桥梁器材、通信器材以及系统终端等,主要用于运用制式桥梁保障部队克服小型河流、峡谷、沟渠以及由洪水泛滥导致的路面不通等障碍,保障抢险救灾力量快速机动,确保第一时间展开抢险救灾行动。三是舟桥模块,由舟桥分队组成,配备冲锋舟、橡皮舟、突击舟、汽艇、制式浮桥、相关渡河器材、通信器材以及系统终端等,主要用于构筑浮桥或漕渡门桥,保障救灾力量快速通过障碍及时投入抢险,作为载体进行水上救援以及进行救援物资的水上输送。

编组的依据:

一是立足建制。其主要考虑:①能充分发挥兵力装备平时的训练效果;②能充分发挥各模块指挥员的作用;③能充分发挥渡河桥梁装备体系的整体保障效能;④能充分发挥各分队之间的协同配合;⑤更有利于重点任务完成;⑥便于组织后勤、装备保障。例如,渡河工程侦察班,主要编配江河工程侦察车、江河工程侦察艇和流速仪等江河工程侦察器材,主要任务就是获取更多灾情信息,为指挥员定下正确决心提供可靠保障。

二是按照装备功能进行编组。①以装备为单位进行运用。按照训练大纲规定各型装备都由固定数量人员进行操作使用,以装备为单位能突出装备功能发挥,调动人员主观能动性,充分发挥人装结合的最佳效果。②能直接对接抗洪抢险任务。灾情发生后,任务复杂多变,指挥员下达一个命令,就能迅速出动力量完成。例如,部队在机动至灾区的路上,原有桥梁被洪水冲断,水面宽度50m左右,需要迅速克服保障通行,这时运用桥梁模块架设重型机械化桥无疑是最佳方案。③根据装备功能综合运用。灾情发生后,人民群众遭受围困,有的在屋顶,有的抱着树枝等待救援,重要物资被洪水浸泡急需转移,这时,就需要派出冲锋舟、汽艇前去救人,派出门桥搜救重要物资,舟桥模块指挥员就要综合考虑装备功能、确定数量、路线、搜救方法,进行综合运用。

用冲锋舟救人时,一般每3个舟编为1个小组,由1名干部带队指挥,并配备1名技术骨干(条件许可时,也可每舟配1名)。夜间实施救援行动时,舟与舟之间保持适当的距离,不要拉得太远,以互相看得见,听得到声音(信号)为标准,以便救援时互相照应,利于处理突发事件。每个舟通常编配正、副操作手各1名,也可根据情况增加救护、打捞手各1名,有条件的情况下带1名熟悉当地地形的向导。

第四节　组织实施

一、抢救行动准备

抗洪抢险行动准备阶段工作头绪多,可变因素多,准备时间短。因此,指挥员在受领任务后,应根据上级规定的时限,周密计划、统筹安排、合理分工、科学准备,以保证救灾任务的顺利完成。

一是积极收集信息,了解和掌握灾情。指挥员受领任务时,应清楚抗洪抢险任务的地点、类型、性质及相关要求,物资、器材的供给方法,友邻的任务、协同事项、完成任务的时限等。受领任务后,应立即派出先遣分队进行现地灾情侦察,或采用向灾区政府了解、向驻地群众询问等方法,对遂行任务地区的防洪工程、地形特点、道路状况、可供宿营的地点,受灾地区的险情、灾情、人口数量和经济状况等情况进行了解和掌握。条件允许时,也可利用计算机网络对受灾地区的情况进行查询。对于收集到的资料,要分门别类地加以整理,进行研究分析、综合判断,并从中总结和归纳出带有规律性的信息,为指挥员定下抗洪抢险决心、实施正确指挥提供可靠依据。

二是了解任务。了解任务即正确理解所受领任务的过程。正确理解上级意图和本部(分)队任务是拟制抗洪抢险行动方案的重要基础,它是从受领任务就开始的思维活动,贯穿于抢险行动的全过程。其内容主要包括:①了解灾情。受灾地区的面积,受影响的程度,洪水的强度,险情的发生地点,近期的天气情况对灾情的影响。②了解上级意图。上级抗洪抢险的目标,与上级通信联络的方式、方法,完成任务的时限和有关要求。③了解本级的任务。本级所担负的任务,开进的路线、方式、方法,加强的兵力、装备器材的种类和数量,完成行动准备的时限等。④受灾地区的情况。受灾地区历史上灾/险情的种类、资料等,当地政府有关抗洪抢险的组织机构,需重点保护的目标,地形交通情况,天候、水文、气象情况。

三是判断情况。判断情况是指挥员对了解的所有情况进行全面分析和综合判定的过程,判明完成任务的利弊条件。其主要内容包括:①判断灾情。应判明受灾地域洪灾的特点、可能出现的险情及对我行动的影响。②判断我情。应判明各分队的兵力、军政素质和专业特长;装备和器材技术状况;抗洪抢险的能力;上级和地方政府可能提供的支援。③判断灾区环境。应判明开进路线和抗洪抢险地区的地形特点,土壤性质,救灾地区的就便器材及可供利用的程度;道路桥梁状况;天气变化的规律及对我行动的影响;受灾地区的人口数量、经济状况等。

四是确定抢险方案。抢险方案是组织指挥抗洪抢险行动的基本依据,它对行动的准备和实施起着指导作用,是指挥员在行动准备阶段的中心工作。指挥员在受领任务后,应在了解任务、判断情况的基础上,广泛听取意见和建议,进行全面综合分析,在原先预案的基础上,进一步形成正确、合理的抢险方案。抗洪抢险方案的内容通常包括:险情的发生地点、类型、程度;克服险情的作业方法;所需要的装备器材;作业分队及作业时限等。抗洪抢险行动编组方案主要是确定编组类型、人员组成、负责人及编配的装备、器材。编组时应尽量保持原建制,以主要的兵力、装备器材编组工程侦察模块、桥梁模块和舟桥模块。在任务区分时,应根据各分队的专业特长,合理区分。在装备器材分配时,对机械、车辆、电台以及上级加强的主要装备器材应明确数量。

五是迅速组织向灾区开进。按上级规定的时间、路线向灾区开进。在没有接到上级指示的情况下,紧急出动就近参加抢险救灾工作时,指挥员应边组织行动边将有关情况报告上级机关。出发前,指挥员应向各分队明确开进的时间、路线、序列、时速;观察员与警戒的派出;遇到各种情况的处置等。行进路线通常由上级指定。当由本级自行选择时,应根据驻地至灾区的道路、地形情况,选择路线短、路况好、不易遭堵塞的路线。行进中,指挥员应在指挥组位置,掌握行进路线和时速,与上级和各分队保持联络。注意观察沿途情况,并及时果断地处置出现的各种情况,指挥全队安全、顺利、按时地到达灾区。要以桥梁模块为主编成运动保障力量,查看并排除沿途路障。若遇道路被洪水淹没、桥梁被洪水冲垮或自身携带的道路、桥梁装备器材无法克服的障碍时,应迅速与地方政府取得联系,共同组织力量予以排除,确保部队安全迅速通过。到达灾区后,应依据行动方案,在先遣指挥机构或地方干部、群众的引导下,从行进间向各自任务区展开,并做到边展开边行动,以最快的速度投入抢险作业。

二、抢救行动实施

到达灾区后,若水情较缓,应迅速与当地政府或抗洪抢险联合指挥部取得联系,了解掌握灾区的水位及民宅、建筑、农作物等受损情况和堤坝警戒水位、隐患地段、防护措施以及分洪方案等。并针对险情,依据抢险救灾联合指挥部赋予的任务和行动预案,研究对策,给部队进一步补充明确行动方案。若洪灾已经非常紧迫,部队应立即投入抢救行动,在行动中逐步完善作业方法和手段。

(一)准备器材

救援时,每个舟上至少配备 1 根钩篙、2 把桨和 1 个水斗。此外,还应做好如下准备工作:

(1)备足油料及配件。每个舟上至少应携带 2 箱油料,并带上必要的工具箱及砂条、火花塞等。

(2)备好救护器具。舟上每人必须穿上救生衣(或救生背心)。为了方便救人时使用,还需携带适当数量的备用救生衣(背心、圈)以及索具等器具。

(3)携带联络工具。每个舟上至少备有 1 支手电筒,有条件的情况下可以人手 1 支,1 个用于联络的口哨,有条件时可 1 个舟或 1 个组配备 1 部通信电台,用于相互联络或向被救者发出信号。

(4)机、舟固定确实。操舟机装上冲锋舟后,操作手必须将操舟机的紧固螺钉确实拧紧,以保证在复杂救援条件下行驶时操舟机的正常工作,也可防止急转弯或舟倾覆后操舟机与舟脱离。同时,在正常行驶时也应锁紧操舟机的闭锁装置,在进入多障区行驶时,应提前打开闭锁装置,以便遇到障碍物时能随时挂机,防止障碍物撞坏操舟机。

(二)行动实施

1. 险情探查

险情探查应把握早发现、早确认、早排除的原则,充分利用专业险情探查设备,采用重点保障与应急支援相结合的方法,在上级的指挥下组织相关人员对险工险段进行有重点的逐次排查,提前安排好救援力量,随时做好对出现险情的河段进行应急支援的准备。

2. 解救灾民

为将被救者从水中危险点或被困点转移至安全地点,要根据被救者所处危险点的情况,因地、因人而异,采取不同的救人方法。可以采用冲锋舟或用汽艇牵引门桥解救受灾人员。

1)用冲锋舟救人

冲锋舟是一种高效实用的救人工具,被群众称为"生命之舟"。在 1998 年抗洪抢险中,广州军区舟桥 84 团 10 连专业军士李常志,就是用冲锋舟在 5 天的时间里,救出被困群众 1100 多人。可见,冲锋舟这种高效实用的救人工具,只要运用得当,在水上营救行动中是大有可为的。

(1)对落水人员进行营救。选好航线,准确靠拢落水者并直接将其救起,如果舟与落水者相隔一定的距离,应先向其投救生圈,再将钩篙的一端送往落水者或将投绳投向落水者,将其拉至舟边而后救起。

(2)对被困点人员进行营救。被困点是指被洪水围困的楼房、树木、电线杆、高地等,被困点一般水流较急,冲锋舟难以接近,营救行动的成败关键在于采取正确的操舟接近方法,及时靠上被困点。

溃口附近地区,洪水借助堤内外水位的大落差,直泻而下,不仅流速大(可达每秒数米甚至十数米),波浪高,且流向复杂,此时不宜采用冲锋舟救人的方法。但是随着落差变小,流势减弱,救护工作即可随即展开。冲锋舟紧急营救的时机一般选择在搜救水域流速为3.0m/s以下时。

由于冲锋舟在救护时不可避免地要经常往返穿梭于激流中,操舟时稍有不慎,就有可能导致舟体倾覆,人员落水的二次险情。横过激流时操舟必须重点掌握以下要点:

① 横过激流时的操舟。一要准确把握航向。横过激流时,舟体纵向轴线与流向间的夹角应保持适当的角度(约15°,宜小不宜大),并根据流速的大小、流向的变化及时调整,切忌大角度甚至顺波航行。二要均匀布置载重。舟在轻载航行时,两名救护打捞手应坐于舟首两侧座板上,以压低舟首,使舟底与水的接触面增大,从而增强舟的横向抗倾能力。若舟重载,应将人员均匀分布,切忌偏向一侧或一端。三要准确控制油门。油门的大小应控制在使舟不致向下流滑行为宜。此时,舟即可借助操舟机的推力及水对舟侧板的冲力使舟向预定方向前进。切忌突然减速。四要沉着应对熄火。若操舟机突然熄火,作业手应持桨和钩篙控制舟尽力使舟纵轴线与流向保持一致,并使舟首朝向上流。钩篙手应随时观察周围水域,以便将钩篙钩住某物体,使舟向其靠拢并系留。若舟上配有锚,可先将锚投至水底。同时,操作手快速检查、排除故障,并启动发动机;处理熄火时应沉着冷静,不得盲目蛮干;舟上人员不得慌乱,以保持舟体平衡。

② 逆流定点救援时的操舟,用于营救被困于激流中房顶、树木上的人员。该方法是:进入点选在流线下流数十米处,以便舟能骑浪逆行,增强舟的抗倾覆能力,切忌从偏向上流方向或顺波方向选定进入点;采取先大航速后小航速的方法,可停靠后救人,也可边慢速航行边将被救者抓提至舟内。

③ 顺流定点操舟。这种方法与逆流定点操舟相反,进入点选在预定点上流数十米处,将舟系留于固定点,然后放松系留绳,使舟顺水流漂至预定被困点,

将被困人员营救上舟。

(3) 夜间用冲锋舟救人。除按上述要领实施外,还应特别注意以下几点:

一是熟记白天标示的航行路线及障碍地点,尽量沿标定的路线行动,保持3舟1组的队形,沿灯光跟进。

二是保持低速行驶,切忌盲目高速行驶。

三是观察员除用手电照明外,还可借助水面的反光发现障碍(如被淹的水下障碍会形成一个深黑色的水域),对可疑水域可以用 3~4m 长的探杆,探摸水下障碍。

2) 用汽艇牵引门桥救人

根据编配的舟桥装备情况,救灾人员可以用现有的舟桥器材结合不同吨位的漕渡门桥,用于大批量转移灾民和抢运相关物资。在条件允许的情况下,应尽可能使用门桥救援。采用门桥漕渡的方法,单次能够营救的人员和抢运的物资多,安全系数大,但是在救援时要注意选好航线,防止航行时门桥搁浅,影响救援效果。

漕渡门桥是由制式舟桥器材或民舟结合而成由汽艇作动力的器材。其具有水上机动性好、载重量大的特点,适用于受灾面积比较大、水较深、无障碍、水面开阔的灾区。若门桥无法靠近目标,则应与冲锋舟相结合组织。被洪水淹没的区域面积较大时,门桥与冲锋舟、橡皮舟联合运用,能减少冲锋舟、橡皮舟往返所用时间,提高救人效率。轻型渡河器材与漕渡门桥有机结合,发挥其各自优长,把门桥当作稳定的水上平台,由轻型渡河器材对周围的目标实施救护,集中到门桥上,然后再利用门桥进行渡送。情况许可时,也可组织受困群众涉水登上门桥。救出后,应立即将群众转移到安全地带,并向灾民安置点转移。要确保解救行动安全。尤其是在受困人数较多,而救援行动又难以一次完成的情况下,应设法采取有效措施稳定受困群众的情绪,而后再逐批有序地组织救援,慎防因灾民急于脱险,争相登舟而造成不必要的伤亡。在解救受困人员的同时,部队应组织部分力量,利用舟艇搜救落水人员。对人数较多的落水人群,应先抛撒漂浮器材使险情得以缓解,而后再利用舟艇逐批救送。若落水人员较少且漂散范围较大,应采取分片负责的方法组织搜救。搜救中,尽可能地利用绳索、钩杆将落水者拉、钩上舟(艇)。情况紧急时,也可组织水性较好的官兵下水施救,但必须有两人以上共同实施,并采取必要的保护措施,禁止单人作业。

湖北天门预备役舟桥团在 1998 年"抗洪"中,运用这种方法,转移灾民 9692

人,牲畜4500多头,各种物资206t,家具1460件。

3. 抢救物资财产

只要时间条件许可,就应尽力将重要物资转运至安全地带。对于难以运送的大型物件、来不及运送的贵重物资等,应采取妥善措施进行处置。抢救物资财产的两种主要办法是:

一是就地围护,即对各类贵重物资就地或就近采取避防性措施。第一,将散落在外的物资搬至室内。第二,将室内物资挪到高处,避免被洪水浸泡。第三,对无法移至室内的物资,使用绳索、铁丝捆扎,并用地钉就地固定。对于单位重量较轻且数量较多的物资,要注意先捆扎成集团状后再固定,以增强抗洪能力。

二是积极移运,即将重要物资抢运至灾区外安全地带。利用制式舟桥装备结合成不同吨位的门桥,用于转移灾民和抢运物资。解救行动主要依托门桥实施,选择适宜的地点,将门桥靠近村庄、高地、房屋等,直接把物资财产装上门桥。在条件允许的情况下,应尽可能使用。由于被洪水围困的地区情况复杂,险情千变万化,救人方法不可能概而全之。应根据当时、当地的客观条件,创造性地运用各种方法抢救物资。只有这样,才能在艰难困苦的条件下,快速安全地完成营救任务。

4. 工程抢险救援

利用冲锋舟等装备疏通拥堵的河道;在堤坝可能出现决口或存有明显隐患的地段,运用舟桥装备水上运沙包、加土袋、石料等抢险救援物资,辅助陆上人员水中打桩,巩固堤脚,稳住堤坡。利用门桥遂行工程抢险救援行动时,在门桥长指挥下,门桥漕渡作业按下述步骤进行:

1) 靠岸

门桥长指挥门桥岸侧下游逆流靠近码头,门桥距码头5~15m时(依照流速大小而定),门桥长适时地向汽艇发出"停止"信号。当门桥接近码头时,门桥上的作业手将投绳从门桥上、下游分别投给码头上的人员,码头的人员迅速收拢投绳,把系留钢索或缆绳系在系留桩(或锚)上,配合钩篙手使门桥向码头靠拢。根据情况,门桥作业手可以利用护舷球,以缓冲门桥对码头的碰撞。当门桥即将靠拢码头时,门桥上的作业手利用钩篙控制移动门桥,使其与码头对正,完成连接作业后,迅速设置跳板。

2) 装载

运载物资时,利用人力或机械将抢险物资装至门桥中间位置;装载机械车辆时,门桥长检查门桥与码头连接牢靠后,指挥员引导驾驶员将车辆驶到门桥中央,熄火刹车。三角木设置手预先放好水侧三角木,以标明车辆停车的位置。车辆停稳后再放置陆侧三角木,风浪大时加设绳索固定车辆。人、车同乘门桥时,待车辆固定好后人员再上门桥,靠近门桥中部坐好,以免人员落水或影响门桥班作业。

3)离岸

门桥长检查载重物位置适当、固定牢靠后,发出"离岸"信号。码头上的人员协助解脱系留钢索,抬起跳板并分解连接装置,门桥作业手收回钢索,钩篙手与汽艇配合将门桥撑离码头。离岸后,门桥长指挥汽艇低速牵引门桥,驶离码头。

4)漕行

门桥长指挥汽艇按预定的漕渡航线漕行。漕渡时所有作业手面朝前方按指定位置站好,禁止随意走动。门桥在岸边应低速航行,在河中可全速航行。航行中门桥不得急转弯。在流速较大的江河上,通过主流线时应尽量避免舟舷与流向直交。夜间救援时,应充分利用灯光、无线电等通信工具指挥,并在两岸的码头上设置导航灯等夜间标识器材,在门桥两侧设置示宽灯。门桥到达对岸后,按前述方法靠岸,并按装载的相反顺序卸载。

5)卸载

门桥到达对岸并系留固定后,门桥长及时发出"卸载"信号,门桥上的作业手放下钩篙,迅速移开车辆前后的三角木,门桥长指挥车辆驾驶员将车辆低速驶离门桥,上岸后迅速驶离码头。抢险物资的卸载可通过机械或人力按装载的相反方式卸载。

三、完成任务后的行动

完成抗洪抢险任务后,应及时清理现场,对行动进行总结,并向上级报告。

一是清理现场。指挥员应组织一定的力量对重要地段、重要部位进行警戒和维护,严防灾情、险情再度发生;及时收拢人员,调整抢险力量,确保完成后续任务;对执行抗洪抢险任务的装备要进行维护保养,及时恢复其性能。

二是进行总结。抗洪抢险任务完成后,应认真总结救灾的经验、教训,对出现的问题加以纠正,宣扬英雄人物和先进班、组事迹,做好思想鼓动工作,鼓舞士气,及时组织总结讲评,并迅速上报有关情况,做好遂行尔后任务的准备。

第五节　相关保障

舟桥分队指挥员在参加抗洪抢险行动时,应根据不断变化的灾情,结合部队完成抢险任务的情况,紧紧围绕抢险行动的需要,坚持按照军地结合、内外一体的原则,确保急需先行,紧后补充,采取边抢救、边保障、边完善的方式,及时有效地组织好各项保障工作。重点应组织好包括信息、通信、机械车辆、物资器材、生活和卫勤等多方面保障,各项保障原则上以部队自我保障为主。

一、信息保障

抗洪抢险任务具有明显的军事行动特征,从而在组织指挥、行动保障等方面都有高度的协调性,在行动上要有高度的快速反应能力。实现上述要求,必须以信息为基本依托。首先,要与气象、水利部门建立信息采集与对应传输系统。抗洪抢险行动的组织指挥离不开气象、汛情、地理、水利等一系列信息的支持,抗洪抢险部队,应主动与地方联系获取信息,确保组织指挥上有预见性、科学性,行动上有主动性。其次,重要险段的情况和重要险情的处理,需要专业性很强的技术保证,分队往往缺乏这样的技术力量,但可借助先进的信息网络系统,请求技术专家实施远程会诊和支援,以提高科学决策水平和能力,确保抗洪抢险任务的完成。

二、通信保障

在抗洪抢险过程中,受地理环境的限制或洪灾的破坏,往往出现联系不上、通信中断、文件传输迟滞、信息化装备通信效果不好等情况,因此,要采取多种方式进行通信,确保指挥顺畅。一是加入抗洪抢险指挥网,打通上下级的联系通道,设置专人全时守听,确保各类文件及时接收、传达和上报,紧急情况随时联络;二是发挥电台、对讲机、车载通信工具功能;三是利用好卫星通信,通过使用北斗手持机,建立短信、定位和导航通信;四是利用军用手机建立手机通信网,进行语音通信;五是在执行门桥漕渡等行动中,根据分队下发的简易信号表,使用旗语、信号弹、哨音等组织简易信号通信;六是如果条件允许,架设有线通信平台,进行有线电话联系沟通。综合运用多种通信传输方式,因地制宜搞好通信保障,确保顺利地实施组织指挥。

三、机械车辆保障

部队参加抗洪抢险所需机械车辆,原则上由各单位自行保障。大批救灾物资的运送,可由其他部队或地方负责。在抗洪抢险准备阶段,要对渡河桥梁装备进行全面的维修保养,使其始终保持良好的技术状态。在抗洪抢险实施阶段,要以修理分队为主,建立伴随保障分队,对装备实施全程保障。

四、物资器材保障

抗洪准备阶段,各单位应对物资器材进行精心的准备。参加抗洪抢险的部队除利用各单位现有的物资器材外,其余所需的物资器材可由上级或地方防汛部门,采取定点保障或者伴随保障等方式进行补充。所需的器材主要有以下几种:

(1)抢险器材,主要包括道路、桥梁作业机械、土木工具、麻袋、草袋、保险绳索、软梯、抽水机及各类照明器材等。

(2)救援装备器材,主要包括救生衣、救生圈及各类小型舟艇等。必要时,应携带适量舟桥装备,以备救援急需。

(3)指挥器材,主要包括通信器材(如电台、移动电话、对讲机等)、标识器材(如袖标、飘带等)、现场指挥器材(如信号枪、信号弹、指挥旗、扩音设备、手持扩音喇叭等)、观察器材(如望远镜、夜视器材、观测器材等)。

五、生活和卫勤保障

在抗洪抢险中可充分发挥"军地两熟"的优势,积极搞好本区域内执行任务的部队的各种协调和服务保障工作,协调地方解决部队食宿等问题。重点准备干粮和即热食品,并筹措一定数量的被装粮秣、生活帐篷及野战炊具等。

卫勤保障的主要任务是深入灾区救治部队伤病员,并做好灾区人民的防病治病工作。重点准备输氧、输液、包扎、止血等简单手术的医疗器具,要针对洪灾中可能发生的疫情准备必要的预防和治疗药品。

根据抗洪抢险中保障点多、面广、难度大;部队行动频繁,保障方向变化快;战线长,时间长,物资消耗大;气候恶劣,环境条件差,物资筹措和前送困难等特点,在保障工作中还需注意以下问题:一是及时建立保障机构,确立联系联络制度。保障部门在汛期到来之前,主动与气象、防汛指挥、卫生防疫等部门联系,及时掌握重点江、河、湖区险段可能发生的灾情疫情。根据灾情预测,及早做好人员的编组及训练,确保人员在位,做到一声令下,能快速进行保障。要通过一定的方式把社会的财力、物力、人力恰当地动员和利用起来,随时掌握道路、车站、机场、港口、交通工具、救生装备器材、食品、药品、经费等的储备和供应能力。二提前准备防汛物资,检修车辆装备。针对重点防汛地区的情况,储备一定数量的冲锋舟、橡皮舟、救生衣、急救药品等防汛物资器材,以满足防汛的需求。车辆是输送部队及时到达一线的重要工具,装备是遂行抗洪抢险任务的主要平台,及时检修以保持其良好的技术状况,是提高其在特殊条件下圆满完成任务的保证。三是执行任务突出重点,注重时效。在汛期,险情不断出现,有时几处地方同时用兵,给保障带来诸多困难,对此,应分清任务的轻重缓急,首先保障主要物资向重点、危急方向倾斜,实施重点保障。在部队休整时,为防止因连续奋战体力消耗大,体质下降,加之居住环境艰苦,卫生、饮食条件差所造成的人员容易患肠道感染和皮肤病等实际问题,应把生活保障和卫生防病作为保障的重点。在部队频繁机动、经常转换抗洪地段时,应采用逐级加强跟进伴随保障,部队转战到哪里就保障到哪里,始终保证强有力的支援和保障;对地面无法解决的保障问题,采用空投保障,提高保障时效,对重点地区重要方向的保障要预先搞好各种专用物资储备、实施重点保障。

第六节 典型案例

1998 年 6 月,湖南省洞庭湖地区遭受特大洪水袭击,超过了历史最高水位。洞庭湖出水口城陵矶水位最高时达 35.94m,超过 1954 年最高水位 1.39m。城陵矶超过 33m 的危险水位长达 78 天,高水位时间之长为历史罕见。这场特大洪灾致使全省 14 个县城进水被淹,受灾人口 2100 万人。受江湖洪水顶托,湖区严重内溃面积 394 万亩(1 亩 = 666.67m^2),142 个堤坝溃决(其中万亩以上 7 个),总面积 66.34 万亩,受灾 37.87 万人,因水灾死亡 609 人(其中因溃坝死亡 117 人),直接经济损失 329 亿元。

从 6 月 15 日至 9 月 15 日,投入湖南省抗洪抢险的解放军和武警部队共 27 个团以上单位 36000 余人,其中解放军 28000 余人,武警 8000 余人;车辆 1800 余台。动用民兵、预备役人员 186 万余人,其中预备役师 1 个、民兵团 31 个、民兵营 237 个。在 153km 长江干堤、3741km 洞庭湖区一线干堤上,先后堵大小决口 13 处,其中重大决口 3 处,排除险情 2931 处(其中重大险情 683 处),加固堤坝 2175km,修筑子堤 892km;民兵预备役人员排险 2600 多处,修筑子堤 380km。

在历时3个月的抗洪抢险中,主要经历了以下几个阶段:

第一阶段,首战湘江,保卫长沙市。

1998年3月,长沙地区就普降大到暴雨,5月中旬以后,湘江、浏阳河、捞刀河、沩水、流沙河全面超过警戒水位。进入6月后,湘、资、沅、澧四水洪水汇入洞庭,同时,长江洪峰经过三个口子进入洞庭湖,洞庭湖区全面告急,3000多千米防洪堤坝险象环生。

6月27日凌晨,长沙市区出现决口,长沙火车站及大半个长沙城都面临洪水的严重威胁。灾情紧急,长沙警备区750名官兵火速赶到现场,抢险官兵兵分三路:一路趟水加固铁路路基;一路修筑子堤,坚固第二道防线;一路从溃口两个方向堵口。决口处水深14m,水流湍急,几千只沙石袋投下去,就像稻草一样被冲走,用沙石袋垒起的挡水墙几次出现坍塌,官兵们激战14h,决口处只向前合拢不到10m。经军地领导和水利专家协商,决定采用钢管搭架,抛掷沙石袋堵口。当晚11时,湖南省武警总队1300名官兵和2000民工赶来参战,经5000多军民连续奋战56h,决口于29日下午胜利合拢。

与此同时,大众垸、梅溪垸、苏托垸、团头湖等地的战斗也异常激烈,41集团军舟桥团、省军区直属队、长沙工程兵学院、长沙炮兵学院、长沙政治学院、国防科学技术大学等13个建制单位4700余名官兵赶来投入抢险,民兵和地方群众也一起参加护堤战斗。大众垸拥有13万亩耕地、13万人口,是确保的堤垸之一。从6月以来,由于受高水位浸泡,41.8km的大堤也是千疮百孔。8月8日,乔口镇发现管涌群,数百名军警民经8h紧张战斗,排除了这一重大隐患;8月9日,湘江防洪洲尾堤出现10多米长的纵向裂缝,1000余名抗洪军民经一天一夜激战,控制了险情;8月12日,电排站沉井闸坝下沉,并出现大裂缝,3000多军民奋战40h,确保了这段大堤的安全。

长沙保住了,铁路干线保住了,重点堤垸保住了,8000多名驻地官兵和50多万群众,在400多千米的临湖大堤上,修筑子堤100多千米,排除大小险情270多处,抢救遇险群众4万余人,转移被洪水围困的群众9万余人。

第二阶段,转战澧水,保卫淞澧大圈和安乡县城。

1998年7月22日晚10时,澧水洪流涌入石门县城,城区80%面积被淹,交通中断。晚11时,原广州军区41集团军舟桥团700名官兵紧急行进200km,到达抢险地段,立即投入战斗。官兵们冒着天黑、大雨和路滑的困难,扛着50kg的沙袋,在泥泞的道路上来回飞奔,连夜筑起一条高1.5m、宽0.8m、长3000余米的堤坝。

7月23日凌晨4时,澧县澧水大堤全线溃漫,威胁全县50万亩耕地、48.6万人的安全。舟桥团、高炮旅2400余名官兵赶赴淞澧大垸险段抢险,当地群众也积极投入抢筑子堤的战斗,大爷、大妈们掌灯为子弟兵引路。经4个昼夜苦战,共处理大小险情167处,其中较大险情32处,使用编织袋150万条、化纤布15万平方米、木材3000m^3,运送砂卵石4.6万立方米。

与此同时,安乡县安造垸大堤,被洪水撕开了130m长的口子,每秒1000多立方米的洪水倾泻而下冲向县城。安乡、澄县、长沙民兵舟桥连、营的60多只冲锋舟紧急下水转移受困群众;安乡民兵突击团、空军18师1万军民负责加固第二线大堤;驻湘舟桥部队、高炮旅官兵迅速构筑第三道防线,死保县城。驻湘部队1000名官兵和常德市的民兵突击队员也赶来支援。29日9时,一条长11km、宽8m、高4m的防洪大堤筑成,挡住了肆虐的洪水。

安造垸堵口是解决县城危机的关键。决口处水深7～13m,流量1600m^3/s,流速5m/s。2000多名部队官兵和1500名民工在决口处展开了堵口决战。他们首先用大量的砂卵石袋加固南北两端堤头,随后将石块和砂石袋投入水中,但立即被卷走。原北京军区27集团军"钢木土石混合坝"技术人员和小分队飞抵常德后,决定在决口处采用混合坝技术堵口,官兵们在洪水中扎起一排排钢架,再抛入砂卵块石,29日晚,混合坝向前延伸40m,随着决口缩小,水流更急,混合坝前伸受阻。现场指挥部随即采取沉船压流的办法,将3条装满卵石的船只在决口处下沉,终因水流太急,沉船无法按预想定位。指挥部研究后决定用钢条焊接三角形铁笼,内装块石、沙包加重沉量,并立即组织地方力量昼夜突击,制作了大小"铁菱角"5000余个,小的1t,大的3～7t。官兵们战高温,斗酷暑,背沙包,装石块,下铁笼,连续奋战,决口一天天缩小。8月11日凌晨,合拢决战打响,7t重的铁笼一个个投进龙口,军人、民工以排山倒海之势向龙口投送砂石袋,凌晨4时18分决口合龙成功,肆虐了16天的洪水终于被制服了。

在16天里,堵口动用船只30多艘,制作"铁菱角"5000多个,运送砂卵块石2万多立方米,消耗编织袋80多万条、钢材300多吨。3000多抗洪军民把丰碑树立在安造垸大堤上。

8月16日,在长江形成第6次洪峰,严重威胁洞庭湖地区安全的紧要关头,原第二炮兵55基地2129名官兵于当晚紧急出动,昼夜兼程,奔赴安乡县执行抢险救灾任务。8月18日,马坡湖大堤洪水漫堤,基地及时组织直属分队360余名官兵投入抢险,加高加宽大堤,冒雨巡堤查险,连续奋战10余个小时,保证了大堤的安全。当日下午,安造垸北堤发现多处管涌、沙眼,304团200余名官兵立即赶赴现场抢险,经6h战斗,完成了填压筑堤任务。19日,安凝乡大坝出现漏水险情,803旅3营组成突击队,冒着生命危险,潜入坝底填投沙袋,经14h连续奋战,共填投沙袋800余个,堵住了渗漏,排除了险情。20日下午,安造垸书院洲堵口复堤出现严重翻沙鼓水,814旅紧急出动200余名官兵奋力抢险,由于投入抢险比较及时,经3h战斗就控制了这一重大险情。21日,安澧垸王守寺堤段内坡发现百米长的裂缝,严重威胁大堤安全,基地1300余名官兵连续奋战15h,打筑平台,加固大堤,排除了险情。在这次抢险中,基地共出动兵力38814人次,车辆2748台次,完成土石方20645m^3,排除大小险情280余处,确保了安乡县100多千米大堤的安全。

第三阶段,鏖战洞庭,死保湖区大中堤垸。

洞庭湖大堤在60多天高水位的浸泡下,危机四伏,险情不断。洞庭之险,险在岳阳,岳阳之险,险在麻塘。麻塘垸位于洞庭湖东岸的岳阳县境内,12km长的麻塘大堤护卫着贯穿南北的京广铁路、107国道以及境内的4万亩耕地和数万名群众的安全。1954年特大洪水,京广铁路浸水被迫中断60天之久,造成了巨大的经济损失,洞庭湖区死亡3万人,在中国水利史上留下了悲惨的一页。现今麻塘大垸垸外洪水高出堤内地面10m,受多次洪峰的侵袭,大堤面临倾覆的巨大危险。历史的悲剧绝不能重演,7月8日,朱镕基总理亲临大堤视察时指示,一定要保住麻塘大堤,确保京广线的畅通。

7月2日,先期赶到麻塘大垸的武警126师1营官兵,克服重重困难,先后排除险情37次,其中重大险情15处。7月23日,洞庭湖水位超警戒水位2m多,岳阳、华容等地全线告急。省军区直属队警卫连、独立连、司训队、驻湘工兵团、高炮旅同武警官兵4000余人,同时挥师岳阳。7月27日晚,麻塘大堤发生严重险情,五六级大风卷着暴雨呼啸而来,狂浪猛烈冲击大堤。官兵们组成突击队,跳进齐腰深的水中,手挽着手,筑成一道人墙,经过一昼夜苦战,筑起了一条崭新的子堤,保住了麻塘大垸。

麻塘最激烈的一次战斗,发生在8月20日长江第6次洪峰袭击岳阳之时,麻塘大堤出现180m长的大滑坡。当晚,41集团军增援部队塔山英雄团一下火车,就直扑麻塘,官兵们在水中与洪水展开殊死搏斗,苦战11h,排除了这一重大险情,保证了岳阳千里长堤无一溃决、无一决口。

第四阶段,决战长江,实现"三个确保"。

1998年8月16日以后,长江湖南段163km大堤出现超高危水位,形势万分危急。遵照军委命令,军区立即从广西紧急增调41集团军123师1万名官兵火速赶赴岳阳参加抢险,同时紧急空运原北京军区 27 集团军堵口分队赶赴岳阳。8 月 19 日,长江第 6 次洪峰到达岳阳,这是岳阳历史上最大的一次洪峰,城陵矶水位创 35.94m 最高纪录。临湘市江南垸管涌、滑坡、沙眼群不断,共发生重大险情 18 处,123 师和炮兵旅近万名官兵,突击奋战 3 昼夜,排除了险情。华容县洪山头长江干堤全线漫堤,形势岌岌可危,长沙炮兵学院、长沙政治学院、空 18 师 500 余名官兵和当地干部群众一起,连续奋战 4 昼夜,构筑了一条高 2.5m、长 1000 多米的子堤,挡住了长江干流洪水,大堤安然无恙。经广大官兵奋勇拼搏,顽强战斗,实现了严防死守、决战决胜、三个确保的决心。

第四章 渡河桥梁装备在地质灾害救援行动中的运用

地质灾害是指由于自然地质作用或人为地质作用,使生态环境遭到破坏,从而导致人类生命、物质财富造成损失的事件。

我国地域广阔,地质构造复杂,是地质灾害的重灾国之一。近年来,我国发生地质灾害的次数逐年增多,危害也不断加重。2008年5月12日,四川省汶川县发生了里氏8.0级地震,2010年青海省玉树县发生强烈地震,甘肃省舟曲县发生特大山洪泥石流灾害,贵州省关岭县岗乌镇大寨村发生特大山体滑坡,仅2010年中,各地共发生地质灾害近3万起,造成重大的人员伤亡,累计经济损失超过千亿元。我国主要的地质灾害有如下两种:

(一)崩塌、滑坡、泥石流

我国山区面积占国土总面积的2/3,地表的起伏增加了重力作用,加上不合理的过度开发,地表结构遭到严重破坏,使滑坡和泥石流成为分布较广的地质灾害。据不完全统计,1949—1990年,崩塌、滑坡、泥石流等地质灾害给我国至少造成直接经济损失100亿元,毁坏耕地8.7万公顷(1公顷 = $10^4 m^2$)。

(二)地面沉降、地面塌陷、地裂缝

我国水资源分布不均衡,地下水开采量集中。开采布局不合理,造成个别地区地下水水位下降,水质恶化甚至水源枯竭,出现地面沉降、海水入侵、地裂缝和地面塌陷等地质灾害和地质环境问题。据不完全统计,在全国20个省、自治区内共发生过采空塌陷180处以上,塌陷面积超过1000多平方千米。陕西、河北、山东、广东、河南等17个省、区、市出现地裂缝共1000余处,总长度超过346km。

工程兵部(分)队是地质灾害救援行动的重要力量,编配的渡河桥梁装备在转移解救受困群众、保护重要目标安全、运送救援物资、抢修道路、灾后重建等任务中发挥着重要作用。

第一节　任务与环境

一、任务

地质灾害难以预测、事发突然、损坏严重，往往给人民生命财产安全和国家经济建设带来严重损失。桥梁渡河分队在实施地质灾害救援行动中，需要运用大量渡河桥梁装备来完成各项任务，主要包括：现场勘察灾情；转移或者疏散受困人员；抢救、运送重要物资；抢修、架设桥梁和浮桥；保护重要目标安全。

（一）现场勘察灾情

地质灾害发生后，会造成建筑物倒塌、人员被困、道路中断、桥梁受损等情况的发生，甚至会造成堰塞湖、地面沉降、地面塌陷、地裂缝等次生灾害。桥梁渡河分队受领救灾任务后，应立即组织所属工程侦察分队携带侦察测量仪器到达任务地区搜集和勘察灾害情况。其主要了解：灾害发生的类型，造成的破坏和损毁情况；人员伤亡数量和当前受灾状况；通往灾区道路的宽度、路况、难以通行的路段；受损桥梁的结构、尺寸、材质、承载能力；主要河流航道的宽度、堤岸是否安全、水库水位涨落等情况。

（二）转移或者疏散受困人员

因各类地质灾害直接造成的人员被困、被淹等，是地质危害最严重、最集中的直接灾害。因此，对正在遭受灾害侵害的人员进行解救，对面临灾害威胁的人员进行转移和疏散，也是桥梁渡河分队实施救援的基本任务之一。渡河桥梁装备实施救援主要是运用制式或非制式桥梁装备、冲锋舟、门桥等，开辟水上救援通道，抢救和运送受伤人员，疏散灾区群众。组织疏散转移灾区群众时，应根据灾害的规模和强度，灾区内人员的生存条件，对可能发生次生或衍生灾害的预测情况，及时有效地组织灾区群众远离危险区，从而避免灾害的危害。组织灾区群众疏散转移是一项十分复杂的工作，涉及灾区和救援体系的各个系统、各个部门甚至每个群众，人员多、范围广、情况复杂，组织指挥困难，必须预先计划、统筹安排、加强协调，根据上级疏散转移灾民的指示，按计划、分步骤有序地进行。

（三）抢救、运送重要物资

地质灾害发生后，不仅给人民的生命带来严重威胁，同时也会有许多重要物资需要抢运，如不及时抢运，就会使人民的物资财产蒙受更大的损失。抢运重要物资，通常在抢救人员之后实施，主要是运用制式或非制式桥梁装备、冲锋舟、门桥、浮桥等，开辟水上救援通道，把遭受威胁的重要文件资料、给养物资、生产设备和生活设施等，转移到安全地带。抢运过程中，要采取多路、多方向的抢运方法，规定好进出路线，以避免出现河道拥挤或堵塞而影响抢运速度的现象。

（四）抢修、架设桥梁和浮桥

发生地质灾害的地区，道路、桥梁、河道等大多遭到破坏，严重影响救灾部队向灾区机动和救灾物资、伤病员的前送后送。因此，运用渡河桥梁装备广泛采用架设应急桥梁、架设浮桥、开合门桥、驾驶冲锋舟等方式，抢修灾区的主要道路和桥梁、河道，确保救援行动的顺利展开。

桥梁是道路交通的咽喉，往往因受到损坏而又抢修时间过长造成道路交通长时间中断。从历次调查看，桥梁受损的主要原因包括：支撑类连接失效；下部支撑机构失效；软弱地基失效；桥面断裂等。使用渡河桥梁装备抢修和架设桥梁主要是为了保证救援部队和应急救援物资能够快速渡过河流，确保救援力量能在第一时间内到达灾区。我军现有的桥梁保障分队，装备有制式的桥梁装备和器材，具备迅速架设和抢修桥梁的能力。在加固抢修灾区受损桥梁时，可利用制式桥梁装备，如装配式公路钢桥、机械化桥、桁架桥等对震损桥梁实施加固。

地质灾害会造成山体滑坡或城市建筑物倒塌，如坍塌的山体或建筑废墟因临近河道倾入河流，从而造成堵塞，容易形成堰塞湖，威胁到下游水库、聚居区安全。一旦出现降雨天气或者发生较大余震容易引发洪水、泥石流等次生灾害。降雨尤其是强降雨加剧崩塌滑坡和泥石流的规模，加大堰塞湖、水库阻塞的险情。我国南方河溪众多，因此发生较高等级地震，形成堰塞湖危害更为严重。在陆路交通受阻且条件允许时，可运用舟桥装备和器材结构漕渡门桥，开辟水上救援通道，保障人员、物资和大型救援装备运输。

（五）保护重要目标安全

重要目标遭灾后，其毁伤后果将是综合性的，地方政府单一功能的专业队往往难以完成应急救护、抢险抢修、治安维稳等多项任务。桥梁渡河分队应充分发挥突击队的特长,根据重点保护地区和目标遭受破坏的情况,如大型桥梁、水库、仓库和电站的受损情况,明确工作重点,合理组织交通应急抢险力量,正确区分抢险任务,充分发挥综合抢险救灾能力,提高交通应急抢险的效果。

二、环境

地质灾害属于一种猝发性事件,发生前没有明显的人感预兆,往往在瞬间发生,人们根本不能作出有效的反应和抗御,会使发生地自然环境、电磁环境和人文环境发生巨大而深刻的变化。

(一)事发突然,灾害蔓延迅速

地质灾害猝发特征明显。现代科学认为,灾害发生发展的机制十分复杂,是自然因素、人文因素等综合作用的结果,灾害的预测存在理论上的困难。多数灾害,如震灾、火灾和交通事故、泄漏事故等,事先没有明显的征兆可寻和端倪可察;即使有一定预警期的灾害,发生的时间、地点以及危害程度和后果也很难准确预测,其危害因素,如溃堤、管涌、塌方等则表现出更大的不确定性。灾害类型多,频率高,强度大,往往呈现出群发性趋势,大量频繁的次生、衍生灾害使灾情变得异常复杂,导致危害迅速扩展和蔓延。例如,地震灾害经常衍生火灾、水灾、塌方、爆炸、核生化泄漏等。

(二)破坏严重,自然环境发生巨变

地质灾害的巨大破坏作用主要体现在直接危害人民生命财产安全,损害生产、生活基础设施。据不完全统计,20世纪90年代以来,我国因自然灾害造成的直接经济损失约占国家财政收入的 1/6~1/4,因灾死亡人数平均每年 1 万~2 万人,灾害严重的社会后果表现为可能导致区域性经济瘫痪,破坏国家经济运行秩序;污染破坏生态环境,损害生产、生活资源,大量家庭解体,孤、老、残和职工的安置困难;不良心理影响、巨大的精神创伤影响群众情绪的稳定;不法分子趁机作乱,影响国家安全和社会稳定。灾害持续发展,衍生灾害不断发生,如道路、桥梁破坏,机动展开救援行动面临困难。地震导致的公路坍塌或被山体滑坡滚落的山石阻隔、桥梁断毁,机械、车辆根本无法进入,救援行动机动和展开极为不便。建筑大规模倒塌,搜救难度大。地震后,建筑大规模倒塌,使搜索和判明被埋压人员的数量和位置很难,即使判明和发现被埋压人员,也因倒塌物的阻隔和卡压,很难迅速将其救出。

(三)危害性大,严重制约救援行动

行动受限是指部队在参加抢险救灾中,由于自然环境和人文环境遭到不同程度的破坏,部队行动与其他军事活动相比较受到更多的制约,救援工作存在诸多不便。一是部队开进行动受到交通的影响。风、洪、震、雪等重大自然灾害,通常会造成道路及重要设施的严重损坏,使交通条件变得非常复杂,部队机动能力也受到限制。例如,狂风拔树倒屋,会引起道路阻塞;泛滥的洪水,会冲垮桥梁、坍塌公路、铁路路基。二是强烈的地震既直接摧毁桥梁和道路设施,又可因大量建筑物倒塌引起交通阻塞。例如,积雪和雪崩等,会导致地面交通中断,空运起降场所不能正常使用;建筑物火灾和交通、核生化等事故,会使现场附近围观人员众多,交通秩序混乱。

第二节 运用时机

地质灾害广泛存在于我们的生活中,它给我们的生产、生活造成了诸多的不便,同时,也给我们造成很大的经济损失和人员伤亡。由于地质灾害具有高度不可预测性,这就要求渡河桥梁部(分)队,需要时刻做好参加地质灾害救援行动的准备。在运用渡河桥梁装备时,既要立足于预有准备情况,又要重视在突发时灵活应对。运用时机包括:①先期搜集与掌握灾害情况时。这一阶段主要应了解上级情况通报、先遣人员报告侦察情况等,使用江河工程侦察车、江河工程侦察艇、流速仪、激光测距机、江河断面测量仪对受灾地区地理环境及江河水文情况进行工程侦察。②向灾区机动时。通过架设桥梁或浮桥保障救援部队快速进入灾区。③转移受灾地区的居民和重要物资。这一阶段主要是使用冲锋舟、橡皮舟、门桥等装备救援和转移人民群众与重要物资,通过水路运送沙袋、石子等救援物资。④排查重要目标险情时。⑤水上巡逻和警戒时。使用冲锋舟、橡皮舟等装备进行水上巡逻,实时关注汛情变化和堤坝的安全状态,一旦发现渗漏、管涌等征兆,就应及时报告。

第三节 方法与编组

一、方法

在地震、滑坡、泥石流等自然灾害抢险救援中,采取合适的方法,有助于快

速打通救援通道,高标准完成救援任务。根据渡河桥梁装备的使用特点,主要方法有以下几种:

(一)多点突击法

在道路抢通作业中,可采取装备作业手加1名指挥员、2名安全员的编组方式。作业手操作机械对损毁路段实施抢通保通;指挥员携带信号旗根据现场的具体情况给操作手予以引导实施指挥,确保机械安全快速作业;2名安全员对机械作业面的四周实施安全警戒,遇有突发情况时,及时向指挥员和操作手发出信号,指挥员终止作业,而后带领人员规避风险,确保人员和机械安全。在抢通道路行动中,可组成多个突击小分队,采取"人机协同配合、人休机不休"方法,提高抢通效率。在强烈地震或塌方后的山区道路抢通中,山体破坏严重,短期内清理超大塌方体,让原道路恢复通行难以实现,只能在塌方体上开辟一条新的道路保障通行。对此,应将装备阶梯配置到任务区域,采取与工程机械相结合的方式,逐层进行降坡,先采用推土机、装载机、压路机协同作业对降坡道路实施拓宽、整平,满足桥梁装备使用要求的地段,采用桥梁装备搭设路面,以最快速度开辟出新的生命通道,为救援人员、物资进入震中地区赢得宝贵时间。

(二)分段双向推进法

打通较大坍塌阻塞物时,由于工程量巨大,通常采用分段作业、双向推进的战法。此法可分解为双向推进作业和分段作业,两者相结合。一是双向抢通。经过现场评估,如果阻塞物清挖后不会导致滑塌物进一步下滑时,可采用工程机械全部清除土石方阻塞物或直接就近弃土,从而拓宽通行道路。当阻塞物附近有村庄、建筑物等不适宜工程机械就近作业时,可采取远运弃土方式进行处理。二是多点分段作业。先打通重型机械道路,后多机协同、分段作业。分段作业时,每台挖掘机间距应不小于12m,在挖掘机开通便道后,装载机随后跟进,拓宽平整,跟进作业向前推进。当便道纵向坡度较小时,采取开通简易便道方式,降坡推平、压实处理,保障输送救援物资车辆顺利通行。

(三)跨越推进法

跨越推进法是应对强烈地震破坏的一种快速抢通战法。具体做法为采用通过性较强的大型机械(挖掘机、推土机等)作为开路前导,在最短时间内开通一条可供机械车辆通过的道路,其余人员和装备依次尾随前进,遇到损毁的桥梁时,在旁边迅速架设桥梁或浮桥,快速打通救援通道。具体作业中,前方由救援机械挖掘打通道路并引导前行,中间部分人员和设备在跟进的同时,迅速扩大作业面,实现与机械作业区的协作,有效扩大道路抢通线,尾部各救援力量要"咬紧"前方队伍快速通过,还要做好增援前方和遇有情况随时回撤的准备,做到既紧凑又灵活。通过将机械、人员、各种渡河桥梁装备有机结合,形成集指挥、抢通操作、安全警戒各要素于一体的作业模式,既可确保遇有灾情第一时间抢通救援道路,又可确保救援力量快速到达救援地域。

(四)接续救援法

接续救援法是综合利用渡河桥梁装备实施救援的最有效方法之一。在救援距离比较远、陆地救援通道打通耗时较长,短时间无法实现道路畅通的情况下,可利用道路附近的河流构设水上通道实施救援。先利用机械装备和桥梁器材,构筑通达水际的通道,然后利用舟桥装备泛水结合门桥,利用水路尽可能接近救援点,到达合适的位置后,快速构筑码头,工程机械或桥梁装备通过码头上岸,抢通河边至救援点之间的通道,建立陆地→水上→陆地的接续救援通道,满足快速救援的需求。

二、编组

要组织有效的地质灾害救援,科学合理的救援编组是关键。在地质灾害救援行动中,桥梁渡河分队可依据上级赋予的任务、灾情特点和所属装备进行合理编组。通常编组包括工程侦察组、水上救援组、桥梁架设与抢修组、门(浮)桥救援组、观察警戒组和综合保障组等。

(1)工程侦察组:主要以配备侦察装备、器材以及无人机、无人船、通信器材的工程侦察力量编成,运用多种侦察手段,获取地质灾害发生地区的受损道路、桥梁及河道等信息,及时处理、传输上传至指挥机构,为指挥员作出决策提供支撑。

(2)水上救援组:主要以编配冲锋舟、橡皮舟、操舟机、汽艇的力量编成,通过水上通道,担负受灾人民群众及重要物资的转移运输任务。

(3)桥梁架设与抢修组:主要以编配制式桥梁装备为主的力量编成,担负抢修与加固原有道路上的受损桥梁,利用制式桥梁装备架设桥梁的任务,保障地质灾害救援行动中的道路畅通。

(4)门(浮)桥救援组:由配备冲锋舟、橡皮舟、突击舟、汽艇、制式浮桥、相关渡河器材、通信器材的力量编成,主要用于构筑浮桥或漕渡门桥,保障救灾力量快速通过障碍及时投入抢险,转移运送受灾群众及重要物资。

(5)观察警戒组:到达地质灾害现场后,应以少量人员编组,对救援现场进行强制性的封闭管理,目的是保证行动不受干扰,防止二次灾难的发生,保障救援人员、遇难者和其他人员的生命安全。要时刻保持对灾害现场的监测预警,及时发现险情,防止造成人员和装备受损。

(6)综合保障组:主要由后勤、装备保障力量及部分地方力量编成,为救援力量提供物资、器材、油料、卫勤、伙食、维修等各方面的保障,确保救援行动顺利实施。

第四节　组织实施

地震灾害救援行动是指救援部队在接受上级下达的救灾任务后,从启动到撤收的全过程。桥梁渡河部队在做好日常战备方面的前提下,各方案的制订要及时准确。

一、救援行动准备

指挥员在受领任务后,应根据上级规定的时限,合理地确定工作内容,科学地计划安排工作,进行充分的组织准备,以保证救援任务的顺利完成。组织准备阶段,分队指挥员的一般工作内容和程序如下:

(一)及时下达救援号令

地质灾害通常是一种突发性灾害,发生之后,人员生命垂危,次生灾害四起。时间就是生命,时间就是财产。工程兵部(分)队指挥员受领地质灾害救援任务后,应以最快的手段,迅速向下级指挥员和有关人员下达救援号令。救援号令必须突出主题,简明扼要。下达时,先专业分队后一般分队,先作业分队后保障分队,先应急分队后常规分队。其内容主要包括:任务地域的安全形势和地形情况;上级的行动意图;编组与任务;完成准备工作的时限等。

(二)立即派出先遣机构,了解掌握灾情

灾情发生后,指挥员应迅速派出先遣组(分队)赶赴灾区,以快速掌握灾区情况信息,为部(分)队有针对性地开展准备创造条件。先遣组(分)队的任务有两个:一是及时与地方救援指挥部取得联系,受领救援任务,并协调有关保障事项;二是积极采取各种手段,了解任务地区的灾情。

了解任务地区灾情时,主要查明:任务地域的情况;任务地域的安全形势;执行任务可能采取的工作措施;沿途的河流、桥梁情况以及可供选择的迂回路等。对侦察得来的各种情况,应及时综合分析,要特别注意时效性和准确性。侦察完成后,应拟制侦察报告,上报救援前线指挥部。

(三)召开会议,定下决心

工程兵部(分)队指挥员受领任务后,应在了解任务、判断情况的基础上,认真听取下级人员的意见和建议,适时定下行动决心。其主要明确:上级意图、具体任务和有关政策规定;主要救援措施;人员编组和各分队的任务;携带各种装备器材的种类和数量;开进方式、路线及梯队编成;各单位出发时间;完成行动准备的时限等。

1. 了解任务

带队指挥员要认真了解情况,深入分析所担负的任务,为及时准确地定下决心提供依据。其主要了解:受灾地区安全形势;上级的意图;力量编成;受灾地区其他救援部(分)队和地方政府组织的情况;实施救援行动的时限及注意事项等。

2. 判断情况

应根据受领任务和已掌握的资料,重点对完成救援任务的利弊条件等方面进行判断。一是形势判断,主要内容包括受灾地区的社情、民情和环境及其对救援行动可能的影响;二是我情判断,主要内容包括:可能参与地震灾害救援的兵力、军政素质和专业特长;渡河桥梁装备、车辆和器材状况;各种作业能力;宿营地域的水源、卫生;友邻救援部(分)队可能提供的支援等情况;三是地形判断,主要内容包括:救援地区的地形特点;沿途可供利用的就便器材情况;沿途道路、桥梁状况;需要经过的江河、沟渠等情况及对我行动的影响;四是天候判断,主要内容包括受灾地区内天气变化的规律及对我行动的影响。

3. 制订行动方案

指挥员在了解任务、判断情况后,应迅速制订行动方案。行动方案内容通常包括:

(1)任务区分及作业编组。工程兵部(分)队参与地质灾害救援时的行动编组,应由指挥员根据受领的任务、灾情、本队的编成、各分队的专业特长等情况确定。通常编组工程侦察组、水上救援组、桥梁架设与抢修组、门桥救援或浮桥架设组、观察警戒组、综合保障组。

(2)完成任务的方法、时限和要求。

(3)各项保障措施。

(4)各种情况的处置方案等。

(四)下达救援行动命令

指挥员定下决心后,应及时以口头的形式向部(分)队人员下达救援行动命令。下达命令要准确、简明,便于理解和执行,部署已经明确的内容,不再重复。行动命令通常包括以下主要内容:

(1)任务地域的安全形势。

(2)本队的行动意图、任务和决心。

(3)救援编组、任务区分、器材分配和完成任务的时限。

(4)有关协同事项。

(5)通信联系的方法。

(五)紧急组织各种保障

抢救地震灾害,情况复杂,时间紧迫,保障工作必须紧紧围绕抢救行动,坚持上下一体,内外结合,急需先行,紧后补充,周密地组织行动保障、后勤保障和装备保障等。

1. 组织救援行动保障

组织救援行动保障主要包括组织救援行动的安全保障、组织通信联络等。

(1)组织救援行动的安全保障:主要包括成立救援安全小组,明确救援过程中的安全防卫措施,遇到各种情况时的处置方法,建立报告制度,规定发生情况时的通信联络的方法和有关信(记)号规定等。

(2)组织通信联络:应建立以无线通信为主,有线通信为辅的通信网络。建立通信联络时,应明确各编组的通信人员、携带的通信器材、通信联络的任务、方法和有关要求,规定各组行动时通信联络的呼号、通信频率和信(记)号等。

2. 组织后勤保障

应及时同任务地域的运输部门联络装备的运输,申请油料供应,周密组织器材、给养等保障。指挥员在组织上述保障时应明确:上级后勤位置及对本分队保障的方法;后勤保障分队的编成、任务、位置及完成任务的方法;给养的携行量和消耗标准及补充的数量、时机、地点、方法等。

3. 组织装备保障

组织装备保障的主要任务是:紧急投送装备器材,及时后运受损装备;周密组织机械、车辆的检修和保养;明确保障分队的编成、任务及完成任务的方法和措施。

(六)迅速组织向灾区开进

工程兵部(分)队接到救援命令后,应以最快的动作向灾区开进。开进时,根据驻地到灾区的距离、运输工具和具备的运输条件等灵活组织,不强求按编制统一编队。部队到达灾区后,先遣指挥组应快速而简明地向部队明确任务及有关事项,并指挥其迅速展开抢救作业。组织部队展开时,应根据各分队的到位情况和作业特长,先到位先展开,边展开边调整。

1. 组织调整勤务,疏导道路交通

开进时,指挥员应协同有关部门,组织力量在开进沿线的主要集镇和道路交叉路口建立调整勤务,对通行的车辆和人员进行疏导。必要时,可会同地方有关部门对主要路段和重要路口实行交通管制,确保救援开进道路畅通。

2. 加强开进指挥,确保快速到位

组织开进时,指挥员应位于本梯队先头位置,充分利用各种通信手段,加强开进中的指挥。

该措施主要包括:准确把握开进路线,随时掌握分队开进情况;快速处置开进中遇到的路障和险情。在开进途中,要特别注意处理好"快"和"稳"之间的关系,既不能因为灾情紧急而不切实际地盲目求快,以致造成新事故影响开进;也不能一味求稳耽误救援时间,使灾区遭受更大损失。指挥员要及时果断地处置开进中出现的各种情况,保证救援力量安全、顺利、按时地抵达受灾地域,以便迅速投入救援。

二、救援行动实施

工程兵部(分)队展开救援工作后,各级指挥员应实施不间断的现场指挥,及时协调部队的抢险行动。要不断了解并正确判断情况,及时调整力量;要加强对重点方向的指挥,及时指导部队处理险难问题;要确实掌握部队的作业情况,及时推广作业经验;要根据作业需要,及时提供各种保障。

（一）工程侦察

救援行动展开前，救援分队应充分利用专业险情探查设备，采用重点保障与应急支援相结合的方法，在上级统一指挥下对险工险段进行有重点的逐次排查，尽早发现、确认和排除险情，并做好对出现不明险情的河段进行应急支援的准备。

（二）转移或者疏散受困人员

充分运用渡河桥梁装备或机械车辆转移或者疏散受困人员。对于尚未撤离的居民，劝说其立即撤离；对于遇难者的亲属及朋友，使他们充分了解现场的危险性并呼吁他们对救援行动给予配合并尽快撤离；对于坚决不愿撤离、救援热情很高的青壮年志愿者，可以将他们组织起来，安排适当的辅助任务，转化为对救援有利的资源。

（三）加固抢修或架设桥梁

抢修（架设）灾区桥梁是指工程兵部（分）队运用建制内力量、装备，根据现场地质条件、施工环境和原有桥梁受震损坏程度等诸多因素分析、论证桥梁加固方案，采取多种方法对损毁桥梁进行加固抢修的行动。当原有桥梁抢修难度大、所需时间长、修复价值不大时可根据任务紧急程度临时架设应急桥梁。

1. 抢修损毁桥梁

桥梁抢修具有一定的难度，抢修分队指挥员制订计划时一定要把握抢修重点，将重点任务交给技术精湛、突击性强的分队执行，并亲自指挥作业。通常抢修的重点在设置中间桥墩和架设主梁及不同结构之间的连接。桥梁抢修通常采取多点展开、平行作业的方式进行。到达行动地区后，指挥员按照行动方案及计划迅速展开作业，根据工程进度、工程质量及时进行技术指导，重点掌握各道工序的衔接。桥梁抢修分队按照作业计划，先行清除或者平整桥梁被破坏的断面，而后展开器材，抢修桥梁。完成任务后，按照相关技术要求和规范进行桥梁质量检查和通载试验。

2. 架设制式桥梁

当保障通行任务不紧急或桥梁损毁程度较高没有抢修价值时，通常采取架设制式桥梁的方法克服江河。为方便灾区居民生活，统筹灾区应急救援和灾后重建需要，工程兵部（分）队多采用架设装配式公路钢桥的措施克服江河。

桥梁架设分队架设钢桥过程中,架设分队指挥员应当组织分队车辆、装备按照规定的路线、序列前出与展开。展开作业前,立即派出警戒和勤务;钢桥架设过程中,位置的选择要正确,通常选择在桥跨上便于观察滚轮及桥跨推拉过程的位置。指挥中,重在把握作业进度,严格组织作业中的协同,及时果断处理架设作业中出现的各种情况。

架设过程中应根据指挥员的指挥和行动方案,按照预定的分工,迅速展开作业。作业中按照平整场地、标定轴线、设置滚轴、桁架拼装、设置桥面系、推拉桥跨、桥跨坐落、构筑桥础 8 步作业法实施钢桥架设。桁架拼装机推拉桥跨是构筑作业中的关键环节,行动中各分队应密切协作,确保安全。桥梁通载后,对桥梁工程设施进行昼夜不停地巡查、维护、管理和必要的机动管制。

3. 利用浮桥、门桥开设水上通道

工程兵遂行地震救援交通保障任务,影响开设渡场行动的主要因素同作战行动相比,行动中没有敌人的侦察与火力打击威胁,不用考虑行动中伪装的要求;行动面临的主要威胁也主要来自自然因素。因此,地震救援中,工程兵开辟水上通道的行动方法同其他工程保障中开设渡场行动方法基本一致,内容略为简单。

开设渡场行动方法的选取应该依据江河环境、舟桥装备技术性能、待渡机械车辆性能(及数量)、本单位人员军政素质综合确定,通常采取的是汽艇牵引法、汽艇顶推法和混合法。

采用汽艇牵引门桥时,牵引钢索长度为门桥长度的 1.5~2 倍。这种方法转变灵活,但航行中汽艇尾部水流会冲击舟首,影响航速。

采用汽艇顶推门桥时,汽艇应固定门桥尾部的中间区域,汽艇与门桥相接的位置加垫橡胶或其他保护材料,以防产生磨损。这种方法比汽艇牵引门桥的方法水阻力小,但门桥上装载的物资、车辆等容易遮挡驾驶员视线,影响航行,需要指挥员与汽艇驾驶员密切配合、协调一致。

用混合法作业时,需要的汽艇数量较多,前后汽艇需密切配合,指挥员应及时关注漕渡过程,加强对前后汽艇的指挥。

三、完成任务后的行动

(一)上报完成救援任务情况

工程兵部(分)队完成地质灾害救援任务后,应按上级命令迅速收拢人员,到指定地域集结待命。到达集结地域后,指挥员应迅速划分休息位置,组织对人员、器材、机械、车辆、油料等进行全面检查,并及时向上级报告完成救援任务的情况。报告主要包括以下内容:

(1)执行任务的经过。
(2)完成救援任务的基本情况。
(3)人员伤亡,器材、机械、车辆损失和油料消耗情况。
(4)现有器材的数量和技术状况,并提出补充、请领意见。
(5)主要的经验教训。
(6)请示尔后的行动任务。

(二)组织撤离

根据上级下达的下一步行动指令,指挥员应迅速拟订撤离行动方案,同时向所属人员传达撤离指示,迅速组织撤离灾区。撤离过程中,要加强行动指挥,到达指定地域后,根据上级指示迅速展开作业或组织人员休整。救援分队可利用休整间隙,整理救援装备、器材,做好相关讲评工作,宣扬英雄人物和先进集体的事迹,及时组织清查、维修和请领、补充物资器材,做好车辆、机械的抢修保养工作,做好执行新任务的各项准备。

第五节 相关保障

渡河桥梁装备参加地质灾害救援行动,时间紧、地域广、战线长、任务转换快、消耗大,对救援行动中的后勤和装备保障提出了更高的要求。

一、突出保障重点

组织后勤和装备保障时,要突出重点区域、重点方向、重点环节、重点对象、重点内容。对受灾最严重或救援行动最紧急的地域,受灾情威胁最主要的方向、抢险的关键环节,对单独执行任务的小、散、远分队,要突出"保生命、保生活、防大疫"为主要内容的后勤和装备保障。例如,"5·12"地震救灾中,汶川、北川等是重点地区,地震断裂带方向是重点方向,部队在接到救援命令后,军地保障重点环节是快速机动环节,渡河桥梁装备运用多且频繁,装备保障需要区分重点;部队到达救援地区后,后勤和装备保障就成为重点环节,其中保障适应多雨、高温等特殊恶劣环境的特需物资是重中之重。例如,救援行动转移疏散受困群众后,需要防治各种胃肠病、皮肤病的药品、被服、蚊帐以及开设淋浴站、洗涤站等,而装备保障主要是提供冲锋舟、橡皮舟、突击舟、汽艇、门桥等装备的保障。

二、注重全面协调

地质灾害救援行动是一项军地联合的整体行动,既有伴随保障,又有定点保障与分区保障;保障力量运用复杂,要对物资、技术、卫勤、运输、装备维修等多个专业进行模块化编组,保障内容多而杂,保障区域和数额又不确定,要协调一致地完成各项保障任务,就必须加强全方位协调。一是与参谋指挥机关的协调。为了保证部队紧急出动,各业务部门特别是军交运输和装备维修部门应主动与参谋指挥机关联系,协商、研究机动的时机、方式,到达地点,并制订预案,保证准时、安全顺利地完成任务。二是与上级有关部门协调。将每日的实力、任务、物资筹措、物资消耗,装备筹措、维修等存在问题及时上报,本级无法解决的问题及时请求上级部门帮助。三是与下级相关部门协调。救援行动过程中,要深入一线了解情况,要求部队定期不定期地随时报告情况,掌握第一手材料,及时发现情况,解决问题。四是加强综合部门与业务部门的协调。要做到各司其职,各负其责。不推诿、不扯皮,互相帮助,取长补短。五是与友邻部队协调。及时与友邻部队有关部门联系,主动帮助解决吃、住、行、储、运、医、供、修等问题。六是与当地救援指挥保障机构协调。要搞好与当地救援指挥保障机构的协调,建立预警信息通报机制、资源共享机制和指挥协同机制,以求得人力、物力、财力和信息的广泛支持。

三、活用保障方式

救援行动,参与的渡河桥梁装备多、保障关系复杂;部队受命急、出动快,后勤和装备部门准备时间短;宽正面、多方向,多地域部署,持续时间长,组织保障难度大;自然环境差、条件艰苦,各项保障要求高。为快速有效地遂行后装保障任务。首先,必须简化程序,实施应急保障。本着"急事急办、特事特办"的原则,与地方联合办公,集中研究处理,当场决策、当场拍板,或者先保障、后完成程序,迅速动员和启动各种保障资源,力争保障与部队行动同步。其次,视情灵活采用现地保障、定点保障、伴随保障、逐级保障、越级保障、定向保障等多种保障方式。军分区、人武部应在部队开进沿途开设供应站,实施定点保障;特殊情况下可打破部队建制实施越级保障,或运用应急保障力量,对重点方向实施跟进保障和超越保障;当道路受阻、地面前送困难时,友邻之间可互相调余补缺、横向支援,并及时开辟空中通道实施空投垂直保障,以满足部队遂行任务的需要。最后,要实施军地一体化保障。要充分发挥整体保障威力,集约使用保障力量。按照"统分结合,优势互补"的原则,合理配置各类保障资源,统一调配各类通用物资、装备、技术力量,综合部署实施一体化后装保障,同时按照"宜统则统,宜分则分"的要求,专用物资和特种装备按原建制系统组织保障。对军地通用和部队一时难以保障的物资和装备,要尽可能地依托当地的保障系统,就近从地方获取,提高保障效益。

四、确保通信畅通

地质灾害救援行动中工程兵部(分)队要长距离机动到灾区,异地救灾易受灾区客观条件制约,通信联络受影响,全面掌握道路、地形、社会资源等情况困难,甚至直接影响保障的及时性和有效性。因此,参加救援行动时,后勤和装备机构应建立畅通的通信网络。主要是建立后装指挥所与基本指挥所之间,上下级后装指挥所之间,后装指挥所与各业务部门、后装部(分)队及有关单位之间,后装机关部门与被保障单位及与地方有关部门之间的通信联络,确保通信联络畅通。要及时了解、掌握后装通信保障情况,组织所属及加强的通信力量,搞好救援行动的后装通信保障工作,确保通信及时、准确和不间断;根据救援任务发展变化的需要,适时调整通信联络,科学高效地实施后装保障。

第六节 典型案例

1976年7月28日3时42分,河北省唐山、丰南一带发生7.8级强烈地震,地震中心位于唐山市路南区,即北纬39.38°、东经118.11°,震源距地面14km,极震区烈度为11度。震中地面可见断层近9km,两侧大地水平错动1.2~1.5km,垂直错动30~40cm。当日18时45分又发生7.1级强烈余震,震中位于河北省滦县,震中烈度为7度。强震后48h之内,发生5级以上余震16次、3级以上余震900余次。

唐山地震是中华人民共和国成立以后,首次发生在人口稠密、工业集中地区的特大强烈地震,地震使唐山周围370km²内,地面建筑几乎全部倒塌,道路、桥梁严重破坏,水、电、通信全部中断。死亡24万余人,重伤16万余人,经济损失达数十亿元。震灾波及北京、天津及50个县。天津有35%的房屋严重破坏和倒塌,死亡 24000 余人,重伤 2 万余人。北京死亡 900 余人,重伤千余人。密云水库白河大坝出现严重险情,内侧滑坡 500 余米,对北京、天津造成威胁。

唐山地震发生后,中央迅速作出决策,由陈锡联、纪登奎、吴德、陈永贵、吴桂贤 5 位政治局委员组成中央抗震救灾指挥部。军队和政府有关部门也迅速成立了救灾指挥机构。在唐山抗震第一线,由刘子厚、肖选进、万海峰、马辉等同志组成唐山抗震救灾前方指挥所,具体组织指挥唐山抗震救灾行动。

灾情发生后,根据党中央、国务院、中央军委命令,沈阳、北京、济南军区,军委各军兵种,海、空军部队等陆续出动 11 个师 14 万余人,出动飞机 2478 架次,各种车辆 7100 多台,投入抗震救灾。其中,在唐山地区,为沈阳、北京军区和军委总部直属部队,约 10 万人;在天津地区,为济南军区和驻津部队,约 37000 人;在北京地区,主要是北京卫戍区和驻京部队,约 4000 人。共抢救被埋压的群众 16429 人,抢救危重伤员 44000 余人,协助地方向全国各地转移伤员 93000 余人。

部队救灾行动,主要有以下 4 个阶段:

第一阶段,全力以赴抢救被埋压的群众,医治、转运伤员,抢运救灾物资。

唐山强震发生后,沈阳、北京军区 40 军、38 军等抢险救灾部队从东北和华北两个方向火速赶赴唐山救灾。首先投入救灾的是驻唐山及附近地区的 66 军、24 军、空 6 军及军委直属兵种部队的近 2 万人,他们从被破坏和倒塌的营房中脱险后,立即展开自救互救,在很短的时间内把被埋压的战友抢救出来,恢复部队建制。在通信中断、与上级暂时失去联系的情况下,指挥员果断决策,立即组织部队投入抢救群众的战斗。最早进入唐山市区的是河北省军区驻滦县步兵团和北京军区驻玉田的坦克 1 师步兵团,当他们于地震当天中午 12 时站在唐山市新华旅馆废墟前时,被眼前的惨景惊呆了,楼房坍塌了,到处都是呻吟和呼救声,楼群的残骸像山一般压着无数一息尚存的生命,官兵们心中只有一个念头,赶快救人。由于出发时太仓促,想得也太简单,别说大型机械,连铁锹都没带几把,战士们就凭着一双手,扒碎石、掀楼板、撬钢筋,半天下来,大多数战士的指甲都脱落了,一双双手血肉模糊,他们硬是咬紧牙关,用手扒开坚硬的废墟,抢救被挤压在钢筋水泥板下的遇险群众。

军委工程兵直属部队派往开滦马家沟矿学习的 18 名同志,在归队前夕住在唐山,正遇上唐山大地震,他们在连长熊兴明率领下,于震后冲出住房,立即组织起来投入救灾,地震当天就救出 71 人,挖出尸体 75 具,连续奋战 40 多个小时,被群众誉为"十八勇士"。

29日凌晨，大批救灾部队赶到唐山投入抢险，部队在公路断裂、桥梁震断的情况下，有的组织绕行，有的从悬空铁路桥上通过，有的弃车泅渡过河，一路强行军向唐山急进。40军先头部队120师车队28日19时行至滦河东岸时，发现公路大桥被震断，部队前进受阻，师长李德章不顾个人安危，指挥他的车带头通过一座已多年禁止通行的危桥，为部队开辟了通路。40军部队冒着余震，顶着大风，闯过4座被震裂的险桥，于29日0时后到达灾区。北京军区38军、炮5师、高炮67师、坦克1师和军委工程兵54师部队也相继到达灾区。随后又增调沈阳军区16军46师、39军116师和炮11师等部队投入唐山地区救灾。

最初两三天，部队没吃饭，没喝水，没合眼，煮好的饭先给了群众，官兵们冒着余震和楼房可能再度坍塌的危险，赤着膊，身着短裤拼命地挖扒，抢救一个又一个生命。直到8月1日，吊车、电锯、凿岩机、切割机等机具才发到部队，在10天战斗中，官兵们在废墟上进行着空前残酷的生死搏斗。

对那些在废墟下挣扎着的人，部队千方百计给他们送水送食物，战士们用钢筋叉着馒头，从缝隙中塞进去，用皮管将小米粥一点点灌入，喂给奄奄一息的伤员。夜深人静，官兵们组成"潜听队"，卧在废墟上屏息倾听，一旦发现呼救声、敲击声等微弱的信息，就立即到现场突击挖掘，经官兵们10多天艰苦的战斗，使1万余名被埋压的群众获救。

救治伤员也是救灾中一项非常繁重而又十分紧迫的任务，200多个医疗队，2万余名医务人员从全国各地云集灾区，抢救危重伤员。地震当天，地方政府和部队就派出多支医疗队陆续抵达唐山参加援救。地震后十几分钟，驻唐部队医疗单位就开始投入抢救伤员的战斗。28日下午2时，沈阳军区派出的第一批医疗队空运唐山，下午，在天津汉沽已设收容唐山伤员的手术帐篷，地震当晚解放军总院外科医生已在唐山机场搭建了三个手术台。震后最初几天，很多手术都是在非常简陋的手术台上完成的，夜间没有电灯，医务人员就用汽车灯和手电筒光实施紧急手术，没有自来水，采取就近取水煮沸后给器械消毒，有的手术是在没有麻药的情况下进行的。

唐山地震造成伤员约50万人，其中重伤员16.4万余人，医疗队共医治伤病员280余万人次，手术23000余例。为使伤员得到及时救治，7月30日，国务院确定将唐山伤员向全国11个省、市转移，截至8月25日，共使用159列次火车、470架次飞机，转移伤员100263人。与此同时，军地双方共组织汽车2万余台次为灾区运送物资，其中军队出动5800余台，行程近千万千米。全国各地支援灾区的救灾物资、粮食、服装、生活必需品、日用品和各种建筑材料也源源不断运往灾区。

强震发生后，唐山空军机场虽部分设施遭到破坏，但空中通道仍然畅通，一辆破旧的塔台指挥车通过电台指挥飞机起降。自7月28日到8月12日半个月间，唐山机场起降各类飞机2885架次，最多一天354架次，平均2min起降一架次，密度最大时仅间隔26s，创造了我国航空史上的一个奇迹。机场指挥调度人员为此付出了极大的努力，他们在航行调度室被震裂、通信设施严重受损、余震不断的条件下；在机种繁多、时速各异、起降密度很大的情况下，从容指挥，使数千架飞机安全起降，连一点轻微的碰撞和摩擦都不曾发生，在危急时刻为唐山救灾铺平了一条顺畅的空中通道，保证了重伤员的转移和救灾物资的输送。

第二阶段，集中力量扒挖和掩埋遇难者尸体，做好防疫工作。

唐山大地震一瞬间，约60万人被埋进废墟，大多数人靠自救互救脱离危险，1.6万余名被埋压的人员获救，24万余人未能逃脱厄运。地震正值盛夏，天气炎热，20多万具遇难者的尸体在腐烂发臭，必须迅速处理，否则极易引起疫病流行。救灾部队担负了扒挖和掩埋尸体的任务。震后初期，所有埋尸部队都处于无防护状态，士兵们冒着扑鼻的尸臭，赤手露臂挖掘尸体，尸体腐烂，皮肤脱落，刺激性很强的有毒气体使人晕眩，士兵们只能找点破旧布和废纸垫手，往尸体上喷洒白酒，或戴上简易的自制纱布口罩，或往鼻孔中塞入酒精棉球。大震后3天，仅一个军的埋尸部队就挖出尸体6596具，掩埋尸体10148具。3天后，防护用品配发到部队，领导虽要求部队挖掘尸体要注意安全、轮流作业、有防毒面具、戴防毒手套，并提出了尸体喷药、消毒、包裹、捆扎、运送、深埋的具体要求，但在特殊情况下，规定有时不是所有部队都能做到的，在失去亲人的唐山人民面前，部队只有一个念头，要抢在瘟疫的前面赶快把遇难者的尸体安葬。

在扒挖尸体的战斗中，官兵们有时要砸开楼板清理，有时要钻进废墟搜寻，清运中尸体流出的水浸湿了官兵们的衣裤，饭吃不下去，人极度疲劳，常有士兵突然晕倒和犯病。有的战士在清运尸体时，躺在尸体旁边就睡着了。一天深夜，一名医务人员在放满尸体场地经过时，不小心踩着一条胳膊，只听"哎哟"一声，一人"呼"地坐了起来，当医务人员看清楚是一名裹着雨衣在尸体堆中睡着的极度劳累的埋尸队员时，感动得流下了热泪。

俗语道"大灾之后，必有大疫"。唐山大地震发生在盛夏伏天，人畜大量死亡腐烂,城市水、电、排污系统遭到破坏,污物、垃圾堆积,蚊蝇大量繁生,人员居住拥挤,疾病感染机会增多,瘟疫暴发的危险性很大,防止瘟疫的暴发是当前最紧急最重要的任务。党中央、国务院、中央军委高度重视,紧急从全国调集21个防疫队1300余人,调运消毒药240t、杀虫药176t、各种喷发器51000多具、军用防化消洒车30余台、喷药飞机4架,对灾区实行全面喷洒消毒。救灾指挥部在抓紧清理尸体的同时,分别于8月上、中、下旬集中几天时间,出动飞机140多架次,喷洒消毒药品45t,加上地面消洒车、各种喷雾器一齐出动,不仅控制了烈性传染病的发生,连流感等常见病发病率,也是10年来最低的,创造了"大灾之年无大疫"的奇迹。

第三阶段,积极协助地方政府安置灾民,恢复正常生产、生活秩序。

唐山地震造成地面建筑几乎全部倒塌,道路、桥梁断裂,破坏严重,铁路路基下沉开裂,钢轨扭曲变形,水、电、通信全部中断,各种生命线工程全部被毁,要顺利实施救灾,恢复灾民生产和生活,必须尽快修复这些生命线工程。

恢复交通是保障机动和运送救灾物资的重要条件。北京、沈阳军区派出2个舟桥团在滦河、蓟运河上架设浮桥。调3个工兵团在通往唐山的主要公路干线上担负抢修道路、桥梁的任务。调铁道兵部队3个师和1个舟桥团与铁道部从12个铁路局、6个工程局抽调的铁路员工一起,组成一支4.2万人的铁路抢修队伍,突击修复京山和通蛇两条铁路线。

为了保证天津、山海关南北两个方向赶赴唐山的救灾人员、车辆,克服江河障碍,及时顺利进入灾区。在地震当天,北京和沈阳军区的2个舟桥团、2个舟桥分队就奉命向唐山方向开进,分别在蓟运河和六股河、滦河渡口开设浮桥渡场。部队到达现场后,顾不上吃饭,冒着余震跳入激流中展开作业,官兵们把一节一节的单舟,一根一根的桥桁,一块一块的桥板,推、拉、扛到水中,连接固定好,经过官兵们连续昼夜作业,一座一座的浮桥横卧在河面上,道路畅通了。随后,抢险部队又根据洪水和水位下降的不同情况,架设了战备钢桥和低水桥,有效地保障了救灾人员和各种载重车辆畅通无阻进入灾区。

在唐山市区,由于救灾人员和物资源源不断抵达,车辆互不相让,加之倒塌的房屋,破砖碎石将道路湮没,灾民在路边搭棚建屋,不愿离开,重伤员和尸体到处停放,致使交通严重阻塞,秩序混乱,影响了救灾工作的顺利展开。28日下午,最早进入唐山的装甲部队立即向救灾指挥部提出整治交通的建议,并派出部队在主要交通干道沿线搬走尸体,安置伤员,清理瓦砾,维护交通秩序。30日救灾部队再次出动3个连的兵力,迁移临时搭建的棚户,清理街道,疏散车辆,并设立交通调整勤务,保证救灾车辆顺利通行。

与此同时,救灾部队积极配合地方业务部门迅速恢复通信、供电、供水设施。通信是救灾指挥的神经系统,7月28日当天,邮政部门运用战备储备物资,调用100多台汽车,紧急抢修通信线路,接通了唐山、天津、北京、石家庄的通信。29日凌晨安装了临时总机,沟通了中央、省、地与唐山救灾指挥部的联系;饮水好似灾民的血液,震后第一天,部分市区得到深井供水,第二天动用了数百台汽车向唐山市送水,仅救灾的工程兵部(分)队就向群众送水1000余车,担水1500余担。8月底,大部分地区恢复了管网供水;供电是救灾的动力和照明系统,地震当天,2台发电车向救灾指挥部供电,工程兵部(分)队迅速架设电线9700m,装灯490个,发电11624kW·h,保证北京军区方指挥所和3个军指挥机关部分照明用电。第三天唐山接受外电,向市区水源地、机场、路灯和大型厂矿企业送电,8月15日,唐山电厂恢复发电。

为稳定灾区民心,保障灾民生活,部队及时组织力量投入扒挖被埋压的重要物资,首先扒挖群众生活急需的粮食、食品、医药、日用品等仓库,以增强群众自救能力、减少国家调运。同时积极筹措粮食、衣服、蔬菜、水果、炊具、生活用具和大量建筑材料分发给灾民。全力帮助群众新建简易住房,修建学校、商店、医院、影剧院等公共设施,帮助群众秋种秋收。灾区人民从废墟中站起来后,即开始了恢复生产,重建家园的战斗。震后第10天,开滦马家沟煤矿开始出煤,震后第14天,唐山电厂并网发电,震后第28天,唐钢炼出第一炉钢,1977年年底,全市90%企业达到震前水平。

第四阶段,防止震后次生灾害的发生,积极协助地方政府维护社会秩序。

大地震后,通常都会衍生出次生灾害,使灾情雪上加霜,其破坏性和对灾民心理上的打击将会更大。唐山地震后,位于唐山东北15km的陡河水库,大坝纵向断裂1700余米,横向约有50处裂纹,有的裂纹宽1m、长11m。震后又逢天降暴雨,水库水位猛涨,大坝岌岌可危。该水库高出唐山市区10m,储水3600万m^3,一旦决堤,唐山将置于没顶的洪水之中。刚从废墟中脱身的炮5师50团接到保卫水库大坝的命令后,立即奔向陡河水库,面对已经饱和的水库和千疮百孔、危机四伏的大坝,唯一的办法必须立即溢洪减压。团领导率领部队冲上大坝溢洪闸房,因电路已遭破坏,闸门无法启动,官兵们4人一组,用人力摇动绞车,去开启十几万斤的闸门,摇动100圈,闸门提高还不到1cm,官兵们轮班操作,10min一班,经7个多小时的拼死战斗,闸门被一点点地提起来了,大坝保住了,水库保住了,强震后又一场灾难避免了。

位于唐山钢铁厂附近的高各庄油库,地震时油罐破裂,1300多吨汽油遍地流淌,一个火星就能引起一场大火,当地驻军闻讯后,立即派出部队警戒,使一场重大火灾得到幸免。开平化工厂液氯车间在地震时阀门被砸坏,剧毒的液氯漏出,2人当场被毒死,因抢修及时和大雨稀释了溢出的毒剂,才没有酿成大祸。

第五章　渡河桥梁装备在交通应急抢险行动中的运用

交通应急抢险行动，主要是指因工程质量、交通事故、自然灾害等因素造成交通干线损毁时所实施的抢险行动，通常包括公路、铁路、桥梁、渡河和隧道抢险等。此类行动往往具有高度时效性，要求短时间内快速恢复原有交通线路的通行能力，以利后续救援与重建。我国现有渡河桥梁装备体系完备、技术成熟、功能多样，可作为临时性工程措施在交通应急抢险行动中发挥关键作用。

第一节　任务与环境

交通应急抢险行动通常在突发的紧迫情势下展开，目标任务繁重且多样，作业环境复杂且危险，必须对相关信息进行快速搜集、整理、分析及研判，为行动展开提供必要遵循。

一、任务

交通应急抢险行动的核心目标是快速恢复原有交通干线的通行能力，如抢通损毁的公路和铁路、构筑迂回路、抢修疏通塌方的隧道、抢修受损的桥梁（涵洞）、架设就便桥梁、开设临时渡场等。需要注意的是，基于以人为本、生命至上的理念，在行动中应将抢救伤员及被困人员置于首要地位。

（一）抢救、转运伤患

交通应急抢险行动首先应集中力量抢救和运送受伤人员，疏散周边群众。一要及时收集信息，切实摸清底数，准确掌握被困人员的地点、性质、数量等情况，按照先急后缓的程序组织救援。对于作业区域内的水域范围，可利用冲锋舟、橡皮舟、气垫船等渡河装备进行全方位搜索，获取真实信息。二要加强科学筹划和组织，紧密衔接救出、运送、转移等各环节，提高救援效率。可以充分利用自然环境,采用水陆联运,通过门桥漕渡、浮桥渡河与公路运输相结合,丰富救援手段和途径。三要确保抢救行动安全。尤其是在受困人数较多、应急通路受限时,可以及时架设制式桥梁装备,增加逃生通道,有序地组织运送,慎防急于脱险而造成不必要的伤亡。四要加强救援力量和医护力量的融合与配合,在组织指挥、作业编组、人员选配、装备保障等各环节都突出及时转运与现场抢救相结合,尽最大力量确保人员生命安全。

(二)引导、疏散人员

加强对交通险情的规模及强度、次生或衍生灾害的概率、现场生存条件等情况的分析判断,及时有效地组织人员疏散至安全地域。一要加强军地协同,统一指挥、统一行动,形成有效合力。例如,利用水路组织人员疏散,既要发挥部队舟桥装备体系完备、功能多样的特点,也要吸纳地方通信指挥技术先进的优势,快速构建安全可靠的生命通道。二要广泛深入动员,详细说明情况,保持信息透明,消除各种思想疑虑和侥幸心理。三要科学严密组织,厘清任务、责任到人、设定时限、明确要求,确保紧而有序,忙而不乱。四要多措并举、提高效率。根据现场实际情况,灵活采用水陆联运或水陆接力等方式,尽可能扩展疏散通道或缩短疏散行程。五要加强关键节点控制,主要路口要派出调整哨,维护秩序、疏通人流,避免拥挤、堵塞。撤离人员的住宿安排问题按就地转移法实施。

(三)疏通线路,恢复交通

交通险情发生后,原有正常通行往往随之中断,必须及时排险,采用针对性工程措施进行抢修或抢建,恢复正常通行。条件受限严重时,也可先恢复临时通行,后续进行必要补强。一是清理路障。这类情况主要是针对自然灾害发生后,在原有交通路线上出现的堆积障碍,如泥石流、边坡塌方等。通常做法是利用推土机、挖掘机、装载机等工程机械,配合人工作业和爆破作业,对滑塌土体进行清理。紧急情况下也可因地制宜架设山地伴随桥等桥梁装备,形成临时通道,解决燃眉之急。二是抢修原有道路。这类情况主要是针对自然灾害或人为事故对道路本身形成的破坏,如地震、危化品运输车爆炸等造成的路基、路面、道路设施损坏等。其中,对于大面积路基垮塌或涵洞损毁形成的路线中断,可以根据障碍的长度、深度等情况,选择重型机械化桥、伴随桥及装配式公路钢桥等制式桥梁装备进行抢修。此外,对于难以直接修复的原有道路,还可以在道路附近选择合适地点快速构筑迂回路,在迂回路跨越小河、沟渠及松软泥泞地时,也同样可以发挥各类桥梁装备的作用,辅助通行。三是抢修原有桥梁。这类情况主要是针对交通路线上的原有桥梁直接受损,包括局部受损或者严重破坏。对于受损的小型原桥,可以视情在附近寻找合适地点架设重型机械化桥或伴随桥,对于较大规模的原桥,可考虑采用装配式公路钢桥对桥面结构进行补强,或搭乘橡皮舟等渡河装备对桥梁下部结构进行快速修补。四是对受损的港口码头进行快速抢修,如利用机械化路面对下河坡道进行快速加强。也可构筑临时性渡口,配合制式舟桥装备,打通陆路与水路的连接。

（四）为重要目标提供安全保障

重要目标既包括机场、港口、车站、地铁站和列车编组站等枢纽节点,也包括大型桥梁、水库、电站等关键基础设施,还包括周边的党政机关、厂矿企业等重要机构。这些重要目标一旦遇险,其毁伤后果将是综合性的,应科学组织交通应急抢险力量,综合发挥军地两方面力量的优势,针对重要目标的性质、规模和态势,合理确定抢险任务,细化作业编组、人员编配及装备保障,为其提供有效保护。

（五）抢救物资、财产

抢救物资、财产主要是抢运重要物资,清除危险品,最大限度地减少财产损失。抢运重要物资,通常在抢救人员的同时,在力所能及的前提下,以部分兵力、运力实施。其主要是把遭受威胁的重要文件资料、给养物资、生产设备和生活设施等转移到安全地带。要采取多路、多方向的抢运方法,预定进出路线,避免因道路拥挤或堵塞而影响速度。对于不适合陆路运输的物资,可开设临时渡场,采用门桥漕渡和浮桥渡河的方式进行运送。对数量较多且较易被破坏的物资,集中捆绑,牵拉加固;对独立突出的物体,以支撑和牵拉相结合的方式加固。清除危险品,要以适当的手段,拆除、销毁可能造成间接危害的物体,如伐除树木或清削树枝、转移或销毁易燃易爆物品等,以避免衍生灾害。

二、环境

交通应急抢险行动主要受自然、社会、舆论三方面条件的影响和制约。为确保行动顺利实施,在展开行动前,需对各种环境要素信息进行必要收集、分析和评估。

(一)自然环境

自然环境是制约交通应急抢险行动的最直接因素。在发生交通险情的现场,自然环境通常比较复杂,表现出相当程度的突发性和随机性。其中,突发性主要是指引发交通险情的各种地震、滑坡、洪涝等自然灾害很难在事先进行准确预测,时间上难以确定;随机性则主要是指交通险情的规模、程度、地点、类型等要素难以预测。由于突发性和随机性的存在,大大增加了交通抢险行动所面临的危险性。例如,地震导致的交通险情,道路可能出现沉陷、隆起等严重病害,桥涵轻则部分垮塌,重则全桥损毁,还可能引发水灾、火灾等次生灾害。又如在滑坡险情中,泥石流会冲刷路基和路面,造成道路移位,会掏空桥涵基础,导致桥涵沉陷变形,泥石流中裹挟的大量堆积物会堵塞河道和排水设施,导致漫溢改道,造成原有道路及相关设施全线瘫痪,以上情况都会严重威胁参与交通抢险行动的人员及装备的安全,增加抢险作业的难度。由于存在自然环境方面的安全顾虑,交通应急抢险行动必然受到各种制约,难以顺畅高效地展开。

(二)社会环境

社会环境是筹划组织交通应急抢险行动的主要依据。交通险情出现时,会给相应区域的社会生产生活带来一系列的影响。最直接的如交通阻断、严重车祸、车辆大面积拥堵、断水断电等。如若处理不及时,还有可能出现危险品泄漏(天然气等)、流行病传播、区域性经济瘫痪、群体性社会事件等更为严重的影响,且这些影响还会随着时间的推进而产生发酵和溢出效应,从而波及更大范围,严重威胁国民经济生产和人民生命财产安全。同时还应考虑,当灾害导致交通险情出现后,交通线不仅是被损毁的对象,同时也是救灾的重要载体,交通应急抢险行动既要快速完成抢险任务,同时也面临着巨大的自我保障压力。例如,在"5·12"汶川地震中,都汶高速公路桃关隧道至福堂隧道的大桥中的一跨垮塌,没有合适的架桥器材和装备可以快速架通桥梁,导致救援力量迟迟无法进入震区,最后不得不选择了运输能力有限的水路开进,大大影响了救援效率。

(三)舆论环境

舆论环境是实施交通应急抢险行动的必要基础。当险情出现后,交通、通信往往随之中断,形成信息洼地和盲区,身处其中的人员会产生疑惑、焦虑、恐慌等情绪,诱发不稳定因素,给抢险行动造成一定阻碍。而外界舆论也容易由于信息不畅而产生对灾情和救援情况的猜测甚至谣言,并迅速传播,造成恶劣影响,甚至被一些别有用心的人员利用,作为在国际上对我国进行舆论攻击的借口。因此,在组织交通应急抢险行动时,应注重对舆论环境的监测和控制,通过各种媒体、网络等渠道,对险情进行客观报道,对抢险救援行动进行正面解释宣传,平抑流言,消除恐慌,稳定人心,鼓舞士气。

第二节 运用时机

时机是指具有时间性的客观条件,多指有利的客观条件。准确把握渡河桥梁装备的运用时机,对于交通应急抢险行动通常会起到事半功倍的效果。从总体上看,渡河桥梁装备的运用时机可以笼统概括为在其他抢险手段难以解决问题的时间和场合,从具体层面分析,则可以区分为行动阶段和适用条件两个维度。

一、从行动阶段看

按照基本行动流程,交通应急抢险行动可分为行动准备、行动实施、行动完成三个阶段。结合这三个阶段的基本任务和具体内容,可以适时根据需求使用渡河桥梁装备进行必要保障。

(一)行动准备阶段

交通应急抢险行动准备阶段的主要任务是围绕成立组织架构、分析判断情况、拟制抢险计划、准备物资器材、搜救转运人员、组织实施开进等工作展开。在这一阶段,渡河桥梁装备主要是发挥辅助性作用。例如,在分析判断情况环节,需要及时搜集险情现场的基本情况,则可以利用冲锋舟、橡皮舟等渡河装备,配合无人机,快速深入陆路无法到达的水域进行必要的搜寻、观测和侦察。又如,在组织物资器材准备时,可以在陆路交通遇险阻断的情况下,利用门桥等装备充当临时工具,将物资器材及时摆渡分发至预定区域。

(二)行动实施阶段

行动实施阶段是交通应急抢险的重点,这一阶段的主要任务是直接针对险情展开处置和救援,其特点是点多、面广、任务重、难度大、强度高,在行动过程中既要面对各种危险和威胁,同时也要快速排除现场极度复杂多变的险情。此时,要充分发挥渡河桥梁装备的优势,根据现场情况及时使用与之相适应的装备,快速克服各种障碍,提高抢险作业的效率,为后续行动争取时间和主动权。

(三)行动完成阶段

行动完成阶段的主要任务是组织撤回各方抢修救援力量,转运装备和物资。同时,还需要在一定周期内对险情区域进行必要的跟踪监测和疏导维护。此时,应在现场根据需要保留一定数量和种类的渡河桥梁装备,采用定点保障的方式,为有可能出现的新情况提供解决方案。例如,在垮塌的高填方路基抢修完成后,可在附近适当位置预留一定数量的公路钢桥构件,防止出现二次垮塌。

二、从适用条件看

交通应急抢险行动中,渡河桥梁装备既可以针对某些险情进行直接使用,也可以采用间接使用的方式,发挥辅助性作用。

(一)符合直接使用条件

符合直接使用条件,主要是指在交通险情中,出现了桥梁损坏、垮塌等情况,或者陆路通行被完全阻断,只能通过水路展开抢险救援的情况。此时,可以根据实际情况,在破损原桥上或者原桥附近架设符合需求的各种制式桥梁,选择合适位置开设临时渡场,利用门桥、浮桥等装备组织水路开进。在此类情况下,因地制宜地运用渡河桥梁装备,具有很强的针对性,可以最大限度发挥装备潜力和特性,实现物尽其用,为抢险救援行动展开奠定坚实基础。例如,在"5·12"汶川地震中,寿江大桥汶川岸 1 个 30m 长度的"T"型梁纵向移位严重,面临落梁危险,但桥墩基本完好,偏移较少,承载能力尚可。故在其原桥之上实施桥上架桥,利用装配式公路钢桥实现原位跨越,为保障抢险救援力量机动节省了宝贵时间。

(二)符合间接使用条件

符合间接使用条件,主要是指在某些特定的险情障碍中,渡河桥梁装备可以用作补充手段,能够配合工程机械展开作业、提高效率。例如,因滑坡导致的局部路面泥泞,利用推土机、装载机等进行路表清除作业的同时,可以铺设渡河装备中的制式路面器材,为行动争取时间。例如,在泥石流形成的较短坍塌路段,塌方体较为松软,含水量大,局部堆积较高,工程机械难以直接进行清障作业,可以采用轻型钢桥法,利用挖掘机、装载机、自卸车配合,对塌方土体两侧形成的自然侧坡进行必要修整和降坡,然后架设轻型钢桥跨越通过。又如,在半挖半填路基填方一侧坍塌,坍塌部分位于陡峭横坡上,利用挖掘机进行填筑作业效率较低,可以采用半边桥法,沿坍塌路段长度方向密集排列装配式公路钢桥的桁架,其上再铺设钢板,形成临时路面。

(三)符合其他紧急使用条件

符合其他紧急使用条件,主要是指渡河桥梁装备可以适用的其他一些临时性、紧急性情况。例如,山体滑坡造成临河山地道路阻断,当滑坡土方量巨大、短时间无法清除时,则可以根据河幅,在滑坡路段上下游有利地点分别架设若干跨重型机械化桥,通过架桥换岸保障应急抢险力量的及时通行。又如,在2017年的8月8日21时19分在四川省阿坝州九寨沟县发生的7.0级地震中,川九路新二拐路段形成多处高位崩塌,边坡高300~500m,严重受损路段达410m。抢险力量采用现场新建钢便桥两跨河流换岸,成功对受阻路段实施了绕避。

第三节 方法与编组

交通应急抢险行动具有高度的危险性、复杂性、专业性和多样性,单纯依靠军队或地方某一方的力量很难完成,必须立足于军地协同,发挥军地双方的独特优势,形成合力。其中,在军队一方,工程兵以其科学的组织形式、精良的装备配置、优良的技术水平、顽强的战斗作风,成为军队参与交通应急抢险行动的核心力量。

一、方法

交通应急抢险行动必须针对险情的特点,合理使用渡河桥梁装备,灵活运用方法手段,整体统筹,突出重点,把险情威胁和破坏降到最低,使救援排险效率最大化。

(一)围堰筑墩架设桥梁

实施交通应急抢险时,应尽最大可能满足通道快速通行需求,超大洪水将跨河而建的桥梁冲垮后,为克服常规钢筋混凝土桥施工周期长的缺点,可采取"围堰筑墩、架设钢桥"的战法。在清理干净坍塌的桥体后,采用土石或钢木结构围堰,隔断水流,在围堰内抢修桥梁墩台基础,待由速干混凝土抢修的桥墩强度达到要求后,即可安装装配式公路钢桥桥墩或铁路轻型军用桥墩。桥墩安装完成后,上部架设钢桥。钢桥可利用钢质桁架桥、机械化桥、支援桥、冲击桥等制式桥梁装备架设,也可根据灾情和就便材料情况选择合适的桥梁上部结构。

(二)快速构设应急通道

在实施交通应急抢险遇到路基塌方或塌陷部位时,通过对路基的处置加固后,根据道路损毁长度情况,选择合适的桥梁装备,直接在塌陷部位上方架设桥梁,以保障通道的快速通行。当需要越过江河或原有通道上桥梁损毁无法通行时,为了实现快速过河的目的,根据河幅的宽度和水深情况,可以直接利用机械化桥架设桥梁,或利用其他桥梁装备直接架设横跨式桥梁,快速构设水上通道。当江河情况不满足桥梁装备直接架设条件时,也可利用舟桥装备架设浮桥或结合门桥,保障通行,也可利用桥梁装备和舟桥装备进行混合架设,充分发挥两类不同装备的优势,打通水上通道。

(三)横跨决口快速封堵

在遇到堤坝决口需要封堵时,由于封堵时间要求非常紧迫,所以可利用桥梁装备横跨决口实施快速封堵。在溃口两端分别部署打桩机、挖掘机、推土机、自卸车等设备,先削坡开挖作业面,然后利用打桩机打入钢板桩,在钢板桩后抛入碎石、建筑垃圾、报废车辆等裹头戗堤,快速控制决口的发展。待堤口两侧稳固后,把重型机械化桥直接横跨搭在决口上方,利用临时搭建在决口两端的大跨度机械化桥,配合动力浮桥和开体驳船,从水面向水底抛投沙袋、土石混合物、石枕等,逐层填高,直至高出水面,堵截水流。

二、编组

遂行交通应急抢险任务时,应根据任务需要,进行必要的任务区分和编组。编组时,通常编成指挥组、突击抢救分队、排险清障分队和勤务保障分队等。

(1)指挥组。指挥组由机关各部门相关人员组成,通常由1名副职指挥员负责。负责抢险救援行动的组织与实施,并组织抢险救援中的各项保障。

（2）突击抢救分队。突击抢救分队是实施抢救作业的主体，通常以建制单位为基础进行编组。根据灾情和完成任务的需要，可将所属单位编组成若干个大小不等的突击抢救分队，并视情予以必要的人员与装备加强，使各分队具备一定的综合抢救能力。其主要任务：一是抢救人员和物资器材；二是进行工程作业，保护重要目标和场所；三是清理场地，搜寻遇难者遗体和物资；四是根据需要执行其他救援任务。

（3）排险清障分队。排险清障分队通常由道路、桥梁、渡河、地爆等专业分队组成。通常配备一定数量的挖掘机、推土机、装载机、压路机、打桩机及自卸车等装备，同时携带部分工程作业机具及地爆器材。其主要任务：一是清除沿途障碍，保障部队机动；二是排除险情，及时消除次生或衍生灾害隐患；三是配合突击分队进行相关技术作业。

（4）勤务保障分队。勤务保障分队通常由卫生、通信、修理、驾驶、炊事等人员组成，配备相应装备、器材，是专业支援分队。其主要任务：一是负责救援分队的卫勤、通信联络、装备修理、饮食保障工作；二是救援现场警戒和秩序维护；三是维护灾区社会治安与重要目标的保卫；四是负责装备和物资器材的管理。

第四节 组织实施

交通应急抢险行动按流程可分为行动准备、行动实施和完成任务后的行动三个阶段。行动准备阶段主要围绕判断情况、获取信息、定下决心、准备物资、组织开进等工作展开；行动实施阶段是决定抢险救援是否成功的核心，主要任务是集中力量组织排险，同时临机处置各种突发情况，这一阶段也是渡河桥梁装备运用较为集中的阶段。完成任务后的行动，主要包括及时向上级报告有关情况，以及有序组织撤离。

一、行动准备

工程兵部（分）队受领交通应急抢险任务后，应迅速判断情况，通过各种渠道获取灾情信息，预测本队可能担负的任务，区分行动编组，明确动作要领，定下救援决心后迅速向部队下达任务，指导分队做好救灾准备的各项工作。

（一）受领任务，判断情况

受领任务的方式通常有按级、现地和紧急三种受领方式。指挥员受领交通应急抢险任务时,应清楚抢险任务的地点、区域、类型、性质及相关要求;受灾地区安全形势;本部(分)队的任务及其在完成上级任务中的地位作用;抢险救灾物资、器材的供给方法;友邻的情况及与本部队的协同关系、协同事项;实施抢险任务的时限及注意事项等。受领任务后,指挥员要认真分析判断和了解所担负的任务情况,为正确定下决心提供依据。

指挥员应根据受领任务和已掌握的资料,去粗取精、去伪存真、由表及里地分析判断完成交通应急抢险任务的利弊条件。其具体内容包括以下几个方面。

(1)形势判断:受灾地区的社情、民情和环境及其对我抢险行动的影响;受灾地区进驻救援部(分)队的数量、位置及通信联络的方法等。

(2)我情判断:部(分)队的兵力、军政素质和专业特长;机械、车辆和器材状况;各种作业能力;宿营地域的水源、卫生;友邻救援部(分)队可能提供的支援等情况。

(3)地形判断:受灾地区的地形情况;沿途可供利用的就便器材情况;机动道路、桥梁状况;沿途江河、沟渠等情况及对我行动产生的影响。

(4)天候判断:受灾地区内天气变化的规律及对我行动的影响。

指挥员判断情况时应具有明确的目的性,进行综合分析判断,权衡利弊,趋利避害,作出正确结论。

(二)获取灾情信息

工程兵部(分)队一旦接到救灾号令,就应与地方有关部门保持不间断的联系,尽量获取较为全面、详尽的灾情信息,并进行认真的分析和研究,得出科学、准确的判断结论,以便指挥员依据灾情定下救灾决心,制订有效的救灾方案。

需要获取的灾情信息通常包括以下内容:

(1)灾情的性质、程度、范围及重灾区。
(2)灾情发展变化的趋势及可能造成的连锁灾害。
(3)通往灾区的道路交通、地形情况及可能受到的灾情威胁。
(4)当地政府有关抢险救灾的组织机构、抢险救灾的能力及行动计划。
(5)地方抢险器材的位置及器材种类、数量。
(6)需要重点保护的目标。
(7)天候、水文、气象情况。
(8)其他与抢险救灾相关的资料。

获取灾情信息的方法通常有以下几种:

(1)上级通报和参与抢险行动的其他应急力量的信息互通、共享。

(2)从兵要地志、地理、水文、气象资料中查找。

(3)与地方建立通信联系,询问当地党政机关有关部门和居民。

(4)向相关部门的专家请教、咨询。

(5)组织先遣人员到现场勘察。

(三)定下行动决心,修订抢险救援计划

能否正确、及时、果断地定下抢险救援战斗决心,决定着能否及时地计划组织抢险行动,能否有效地调控抢险行动,决定着抢险行动的胜败。工程兵部(分)队指挥员受领任务后,应在了解任务、判断情况,获取灾情信息的基础上,及时定下初步决心,并认真听取下级的意见和建议,适时定下救援决心。其主要明确:上级救援意图、主要任务和有关政策规定;事态发展的预测、处置的原则和采取的主要措施;救援编组和各分队的任务;各类装备器材的数量;开进方式、开进路线及出发时间;完成准备的时限等。

指挥员在定下行动决心后,应迅速制订抢险救援计划,通常制订2或3个计划,并采取定量分析、比较筛选的方法进行优选,找出最佳方案。抢险救援计划通常包括以下几个方面:

(1)任务区分及作业编组。

(2)完成任务的时限、要求。

(3)装备、器材的分配。

(4)各项保障措施。

(5)各种情况的处置方案。

为了有计划地组织作业,指挥员应根据当时的条件,对抢险行动全过程进行周密组织和时间安排。其内容包括:确定施工组织方式,区分任务,统计工程量,确定作业率,计算作业时间和提出兵力使用等。其形式可采用表格式、网络图式或要图注记等。

(四)下达任务,进行思想动员

指挥员定下决心后,应及时以口头形式向全体人员下达救援行动任务。下达任务必须抓住重点,先主后次,多管齐下,尽量减少中间环节,力求一次传达到位。下达的内容要言简意赅,快速准确,便于理解和执行。尤其是对时间、地点、路线及协同关系等要素一定要确定,防止出现差错。已经明确的内容,不再重复。通常包括以下主要内容：
（1）任务地域的安全形势及可能的发展趋势。
（2）本队的行动意图、任务和决心。
（3）救援编组、任务区分、器材分配和完成任务的时限。
（4）有关协同事项。
（5）通信联络的方法。
（6）机动路线及有关注意事项。

指挥员下达完任务后，应结合明确任务进行简短有力的思想动员。其主要是：讲清抢险行动的意义，明确各级人员的责任，提出战斗口号，规定救灾纪律。时间特别紧迫时，应采取边开进边动员的方法。

（五）指导部（分）队准备

工程兵部（分）队受领救灾任务后，指挥员应指导抢险部队快速完成行动准备。其主要内容是：检查加强的输送装备到位情况及技术状况；救灾器材的保障措施及落实情况；各级指挥员对开进道路及有关协同事项的熟悉程度等。

（六）组织向抢险地区开进

工程兵交通应急抢险部（分）队应按上级规定的时间、路线组织向受灾地域（区）开进。

1. 合理确定机动方式

组织工程兵部（分）队采取合理的方式迅速机动，是交通应急抢险行动取得主动权的重要环节。工程兵部（分）队在向灾区机动时，应根据距离的远近和机动条件，灵活采用各种机动方式，不强求统一编队，力求迅速开进、快速到位。

机动方式通常有摩托化机动、铁路输送和空中输送三种。应根据机动距离、灾情时限要求，动用的兵力、装备，以及机动条件等确定。短距离执行抢险任务时，可采取摩托化机动。机动前，要选择好开进和备用开进路线，规定各梯队的开进序列和通过出发线的时间。机动中，指挥员应随时与上级保持联系，掌握道路状况、行军路线和速度，严格遵守行车纪律，果断处置情况，按时到达指定地域。远距离执行任务时，可采取铁路输送。装载时，要组织各分队按计划进入待运地域指挥各梯队装载。运行时，要加强对部队的管理，及时处置沿途出现的情况。卸载时，要严密组织，及时上报卸载情况，并组织部队摩托化机动至抢险地域。跨区执行抢险任务且不需要携带重型装备时，可采取空中输送。装载时,组织部队按规定的时间、顺序到达装载地点,按照输送计划、装载要求组织装载和检查。航行中,要服从机长的指挥,遇有特殊情况,通过机长与地面联络,报告情况,接受指示。卸载时,按照先人员后装备器材的顺序进行,卸载完毕要清点人员、物资,上报卸载情况,迅速组织部队向预定抢险地域集结。

2. 组织调整勤务,疏通道路交通

部队开进前,有关部门应组织力量在部队开进的主要集镇和道路交叉口建立调整勤务,对过往车辆和人员进行疏导。必要时可会同地方交通部门对主要路段和重要路口实行交通管制,确保开进道路畅通。组织调整勤务,既是组织部队开进时指挥控制中的关键一环,组织不好容易出现问题,影响整体行动,又是组织机动时控制部队行动的主要手段。从控制角度讲,拟制计划是计划控制,警备调整是过程控制。其主要工作就是派出调整勤务,调整勤务对部(分)队开进具有监督(是否按开进计划开进)、指示(指示道路)、控制(控制部队到出发点和调整点的时间)、调整(调整部队通达遭灾害损坏的地区)、维护(开进秩序,群众纪律)等功能。

3. 加强开进指挥,确保快速到位

组织开进时,指挥员应在各自梯队先头,充分利用各种通信手段,掌握部队开进情况,同时关注沿途情况,加强开进中的指挥。通信联络是组织开进中掌握情况的重要措施,是加强开进指挥控制的重要手段。组织开进时通常以运动通信为主,特别是当部队进入灾区以后,由于灾区的电力通信中断,为加强组织指挥部队应使用简易通信。

加强开进中的指挥控制主要包括:把握开进路线、开进速度,协调开进行动,果断处置开进中遇到的路障和险情。在开进中,要处理好"快"和"稳"的关系,既不能因为灾情紧急盲目求快,以致造成开进事故;也不能一味求稳浪费途中时间,使灾区遭受更多损失。指挥员要及时果断地处置出现的各种情况,指挥分队安全、顺利地开进,确保按时到达受灾地区执行抢险任务。

二、行动实施

部队到达灾区后,指挥员应加强对部队抢险救援行动实施有效的指挥控制,按照边展开边作业的要求快速组织抢险救援行动,及时处理遭遇的突发情况,周密组织各种保障,认真维护现场秩序,尽最大力量将灾后损失降到最低。

(一)快速展开抢险作业

抢险救援作业是最紧张、最复杂的行动,尤其是在展开救援作业的初期,情况紧急复杂,容易造成秩序混乱和盲目行动。部队到达受灾地区后,指挥员应根据上级或地方政府赋予的任务和灾情实际,沉着冷静,紧而不乱,合理确定救援行动部署,组织指导部(分)队有序展开抢险救援行动。组织部(分)队展开时,应按照到位一批、展开一批的方法组织,边展开、边调整、边完善,切忌因为急于求快而造成行动无序和混乱。

本节主要选取可用于渡河桥梁装备实施保障的典型险情样式进行研究。

1. 路基塌方抢险行动

1)险情分析

道路上的高路基、高边坡路段,遭受灾害后,易导致路基或边坡崩塌。路基塌方的成因主要有两个:一是遭受瞬间的巨大外力而损毁。其主要由突发自然灾害所致,如洪水、地震、泥石流等。二是由外界因素缓慢作用所致。例如,当路面所处位置相对较低时,两侧坡体和路面的地表水汇集、渗透至路基,对路基潜蚀、软化。路基土体在水的渗流作用下,土体中细小颗粒被水流冲刷带走,孔隙增大,土体强度减小。降雨过后,水位降低,加速水对路基的潜蚀作用,随着潜蚀作用的加剧,土体的孔隙将不断增大,黏聚力持续减小,压缩系数不断增高。加之水位降低引起的路基土体有效应力的增大,路基路面的沉降变形也随之增大,进而造成路面的拉裂破坏。

作业前,应对道路路基进行勘察。当路况较好时,应测量路基的宽度,并查明路面的种类及平整状况;当路况较差时,应查明路基被破坏的程度及工程量。抢修时,应根据工程量的大小、地形、地质等情况,选择合理的抢修方案。

2)抢修措施

(1)一般性应急抢修措施有以下几种:

① 用草袋被覆:先将塌下的积土底部平整夯实,再将装满土的草袋按3:1的边坡分层方式交错设置,并用直径5cm、长100cm以上的木桩将草袋贯穿固定,然后在顶部铺厚15~20cm的土层,并夯实使其与路面平齐。无草袋时可用麻袋、化纤袋等装土被覆。

② 用木板(圆木)被覆:先在路基坡脚植被覆桩,桩距为1~2m,桩头向内倾斜,然后设置控制桩,并用8号铁丝将被覆桩连接在控制桩上,最后密集设置小圆木或木板,同时填土夯实。

③ 清除塌方:当路堑边坡塌方阻碍通行时,应及时清除。若塌方量较大,可先开辟单车通道或直接在塌方上构筑成不大于 10% 的凸形坡道,以保障车辆应急通行,随后进行改善。

④ 锚杆加固:由于路基下方滑塌岩土体的强度很低,多处发生边坡土体的开裂、分段脱离现象,要对路基下方的滑脱土体进行强夯,强夯土中布置岩土抗滑锚杆桩并实施土体改性措施,在强夯土上进行填方。在关键部位打抗滑锚杆桩以控制边坡的局部失稳,为边坡的整体加固创造安全、良好的工程环境。抗滑锚杆桩沿线路走向布设,基础部位间距 2m×2m,基础外侧间距 3m×2m,布设角度铅垂,钢筋采用单根的 32 螺纹钢,连接方式为焊接或机械连接。布设锚杆桩的同时采用分层多次高压注浆技术,浆体为标号 M20 的水泥净浆。

(2)严重坍塌沉陷时的抢修措施是架设山地伴随桥。山地伴随桥采用低合金、高强度钢作为桥体材料,桥体结构刚性大、强度高、疲劳寿命长;桥体表面耐磨,能承受裸露履带的直接碾压,可作为临时通道,便于各类应急保障装备、物资的应急通行;采用平推式架设技术,不受桥脚高度及间距的限制,作业方式相对自由;架设速度较快,架、撤桥梁作业时间均为 10min 左右,对作业场地要求不高,作业仅需 3 人,有利于在险情出现初期即快速展开抢险行动。作业前,可将塌方体纵向中线作为桥梁轴线,并现场用白灰等材料标出,清理出长度不小于 16m、宽度不小于 4m 的场地作为架设场地,必要时,可在架设前对坍塌部分两端进行人工处理,增加坚实度和平整度,便于更好与桥跨搭接,同时确保两端纵坡不大于 10%、横坡不大于 5%,且两端高差小于 2.1m。将桥车倒至作业起始线,解脱桥跨紧定索,按照升前支架→伸出移动架→伸支腿→升后支架→推出桥跨的步骤进行架设。架设完成后,底盘车驶离架桥点,利用系留装置对桥跨进行固定。

2. 损毁桥梁抢建行动

1)险情分析

桥梁建设周期长、技术标准高、安全威胁多,是实现路线跨越江河沟坎的关键设施,是交通路网中的重要组成部分。就和平时期的一般情况而言,造成桥梁严重损坏的通常是地震、洪水、滑坡等自然不可抗力因素,且不同结构形式的桥梁在灾害作用下的受损情况也存在一定区别。通常,桥梁遭受的破坏可以分为两类:一类是虽遭受破坏,但尚未发生落梁,其具体受损形式主要包括桥面铺装破损、上部梁体移位、支座破坏等;另一类是已发生落梁,即上部结构垮塌,可进一步区分为桥墩损毁和桥墩未损毁两种情况。

2) 抢建措施

桥梁发生险情时,可视情采取不同抢险方式。当桥梁上部结构受损,但基础尚完好,可利用混凝土、高分子复合材料等材料,采用应急修复和临时加固工艺对桥梁进行抢修作业。而对于制式渡河桥梁装备而言,则更适合针对破损桥梁和垮塌桥梁进行快速抢建作业。例如,架设"桥上桥",可以临时恢复桥面通载能力,采用制式桥墩,可以对桥梁基础进行抢建。

本节主要研究利用渡河桥梁装备对受损桥梁进行应急抢建的相关内容。

(1) 利用公路钢桥抢建上部梁体。装配式公路钢桥结构简单、适应性强、互换性好,拆装方便、架设速度快、承载量大,非常适于在交通应急抢险行动中对破损或垮塌桥梁进行抢修抢建。常用公路钢桥包括 321 装配式公路钢桥和 ZB200 型装配式公路钢桥。前者由桁架式主梁、桥面系、连接系、基础 4 部分组成,车行道宽度为 3.7m,可采取单排单层、双排单层、三排单层、双排双层、三排双层的形式架设跨径为 9~63m 的桥梁。后者结构形式与前者类似,构件尺寸和质量有所增加,但钢材使用量减少,强度、刚度得到大幅提高,单车道时桥面净宽为 4.2m,可架设跨径为 9~48m 的简支梁桥,双车道时桥面净宽为 7.56m,可架设跨径为 9~69m 的简支梁桥。

以 ZB200 钢桥抢建受损桥梁上部梁体为例,最常用的方法是"悬臂推出法",即作业时,在河流两岸,先安装好摇滚和平滚,桥身的大部分构件在推出岸的滚轴上预先拼装好,然后用人力或者机械牵引,将桥身平稳缓慢推出,直达对岸摇滚后就位。其具体步骤如下:

第一步:布置场地,安装滚轴。

根据桥头两岸接线地形、地貌、高差、地质、建筑物等实际情况,选择最佳桥位,定出适宜的桥梁中线,并进行测量,打好中线桩,然后根据断口纵深,确定推出岸与对岸摇滚至岸边的最小安全距离和所需的桥梁跨径。先定出摇滚、平滚和座板的位置,测出桥梁中线桩及摇滚、平滚和座板标桩的高程,再安装滚轴。摇滚分别安置在推出岸与对岸的岸边,推出岸摇滚用于桥梁的推出,对岸摇滚用于桥梁的落座。平滚安置在推出岸摇滚之后,用于桥梁的支撑和减小桥梁在推出时的阻力。

第二步:组装桁架。

在推出岸进行桥梁的拼接。拼接时应尽量避免桥体震动和倾斜,避免桁架间连接错位,影响安装。在进入下一道工序前,应仔细检查每个孔位、每个钢销和每个锚点,确保安装精度符合要求。

第三步:拼装、架设鼻架。

桥梁尚未达到对岸摇滚之前,悬臂推出的整个过程中,应保持桥身的平衡,始终使重心落在推出岸摇滚的后面。为达到这一目的,需要在正桥的前端另拼装几节桁架,称为"鼻架"。待桥梁完成推出后,再予以拆除。鼻架只装桁架(通常为单层桁架)、横梁与抗风拉杆等构件,不装纵梁与桥面板。

在通常情况下,桥梁是在推出岸全部装好后再推出。但在架设大跨径桥梁时,为减轻推出重量或因桁架不足时,也可不装足上层桁架,待鼻架到达对岸后,拆除鼻架,再装齐不足部分桁架。当遇到桥头地形狭窄、桁架无法伸展时,只能采取边推边拼的办法,这时要特别注意随时核算桥梁的重心是否超出摇滚之外,否则桥梁的安全就得不到保证。

第四步:桥梁推出。

桥梁推出可利用人力或者机械。推桥时要严密组织、统一指挥、协调一致。桥梁安装一段向前推送一段,需要靠摇滚支点后端的配重来保持前展部分的平衡。安装过程中要随时核算,防止桥梁重心超出摇滚之外。推出时应用力均匀、速度缓慢、运行平稳。采取有效措施,减少悬空部分的振荡。推进的方向要严格掌握,发现偏差立即纠正。在桥梁接近平衡点容易转动时,可采用拨动尾部的办法彻底纠偏对正。

第五步:桥梁落座。

先将全部鼻架拆除,安装好桥梁端柱,然后用千斤顶顶在桥梁下弦桁弦杆与腹杆的交点处。千斤顶与弦杆之间放一块厚钢板,将力量平均传布到弦杆的两个槽钢上。千斤顶与垫木的高度应根据桥梁降距和千斤顶的形成而定,使桥梁能一次落座。

第六步:铺装桥面板及附属设施。

桥面板通常有标准钢桥面板和中央钢桥面板两种结构形式。中央钢桥面板安置在横桥向桥面的正中间,标准钢桥面板安置在中央钢桥面板的两侧,每边各两块,用螺栓固定。同时,使用铁丝网对缝隙进行加密,以防止行人从缝隙处跌落。

(2)利用装配式公路钢桥桥墩抢建桥梁基础。装配式公路钢桥桥墩是一种专门针对应急交通"有梁无墩"而研制的成套制式装备器材,有杆件7种,紧固件2种,支座过渡墩1种,拆装方便、互换性强。该桥墩能适应321型钢桥和ZB200型装配式公路钢桥,可架设5~30m桥墩,墩身高度以1m模数变化,通过调整垫梁层数,可实现按0.253模数调整墩高。该桥墩通常由下垫梁、墩身以

及上垫梁三部分组成,既适合于人工拼组,也适合于机械拼组,具体步骤如下:

第一步:下垫梁拼组。

下垫梁一般设两层,纵横垂直叠置,两层梁的叠合面用螺栓连接。下层下垫梁一般每 750mm 设置一根,边立柱外侧各增设一根。与墩身连接的顶层下垫梁的布置应与墩身立柱位置相适应,每排立柱下安装一片垫梁,用螺栓连接至立柱法兰板上。当遇到特殊情况,如水流速度超过 3m/s 时,可在混凝土预埋 U 型螺栓,与下层下垫梁连接,与卧木基础通过扒钉连接。

第二步:墩身拼组。

墩身是由立柱、节点板、撑杆连接组成的空间结构。立柱中心距离在顺路线方向 1.5m,垂直路线方向 1.75m。墩身可以拼组成从上到下的等截面形式,也可拼组为立柱排数上少下多的变截面形式。墩身立柱连接系的层数及每层高度根据墩高和器材数量情况确定。平面连接系只在墩身顶部、底部以及变截面部位和每隔 9m 高度左右设置一道,利用斜撑交叉布置。

第三步:上垫梁拼组。

上垫梁的层数一般为 3 层,纵横叠置,螺栓联结。与柱身联结的底层上垫梁与最上层横联水平杆相连。上两层上垫梁采用单层两根杆件并置组装,上垫梁纵横叠合处采用螺栓联结。

桥墩拼组时,有可能出现错孔,导致水平撑杆、斜撑杆或上垫梁安装困难,为避免此现象,应注意:拼装前,基础顶面要保持平整,高差不超过 5mm,放置垫梁时,用铁片或细砂垫平;下垫梁上下层应保持垂直关系,矩形对角线长度差不超过 5mm;随时检查立柱垂直度、立柱间的方正性与水平差;若出现错孔,可以利用曲撬棍配合作业,必要时可用导链配合;所有螺栓带上螺帽后,只需用手带满丝扣,不必拧紧,以便杆件安装过程中有一定的活动余量,待上垫梁全部安装完毕后,再统一拧紧螺栓。

(3)利用机械化桥(公路钢桥)抢建临时便道。当在原桥基础上难以实现抢建作业时,就近选择合适地点,直接架设制式桥梁装备作为临时通道,是最为便捷高效的行动方式。机械化桥和公路钢桥的特点都非常适合此类行动,已经在多次抢险救灾行动中发挥了重要作用。下面主要以机械化桥为例进行相关内容的探讨。

机械化桥适用于流速不大于 2.0m/s、河岸纵坡度 +8°~-10°、横坡度不大于 3°、河底沿桥轴线坡度小于 20°的情况,通常由专用基础车载运、架设和撤收,带有固定桥脚,一套器材包括数辆桥车。机械化桥的桥梁构件包括桥节、桥脚、跳板、系留桩和系材等。桥面采用整体式或车辙式结构。根据荷载大小,可以选择重型机械化桥或轻型机械化桥,既可以架设低水桥,特殊情况下也可以架设水面下桥。其具体步骤如下:

第一步:架设准备。

架设准备包括场地准备和桥车准备。其中,场地准备主要是对架桥点进行必要的平整和压实,修整桥车的进出口,确保空间和视线无阻碍,同时还要用白灰等材料标示出桥础中心桩、桥轴线、倒车线和稳定支腿位置。桥车准备主要是检查并连通液压油箱回油管路上的截止阀,检查主钢索是否完好可靠、绞盘制动手柄是否处于制动位置,松开升降架转臂锁紧螺钩,取下转臂固定链条等。

第二步:首跨架设。

首跨架设顺序是:就位→桥车进入架桥位→取辅助器材→放稳定支腿→卸紧定具→顶起升降架→展开桥跨→松锁紧钩→放下桥跨→上桥面→放桥脚→横向调整→放桥端→设置桥脚→收平衡梁→收稳定支腿→移动桥车→收转臂→收升降架→撤离桥车→整理桥面→岸边设置。

第三步:中间跨架设。

中间跨架设顺序是:就位→桥车进入架桥位→放垫木→放稳定支腿→卸紧定具→顶起升降架→展开桥跨→松锁紧钩→放下桥跨→上桥面→放桥脚→横向调整→放桥端→设置桥脚→收平衡梁→收稳定支腿→移动桥车→收转臂→收升降架→撤离桥车→整理桥面。

第四步:末跨架设。

末跨架设顺序是:就位→桥车进入架桥位→放稳定支腿→卸紧定具→顶起升降架→展开桥跨→松锁紧钩→放下桥跨→上桥面→横向调整→放桥端→纵向调整→收平衡梁→收稳定支腿→移动桥车→收转臂→收升降架→取辅助器材→撤离桥车→岸边设置→整理桥面。

全桥在架设过程中,必须根据具体情况统筹考虑每跨桥的桥脚高度,保证桥梁架通后具有一定的上拱度,以利于提高通载能力。

3. 堰塞湖抢险行动

1)险情分析

地震诱发的崩滑体、强降雨或其他原因引发的大型滑坡堵塞河道形成堰塞湖,堰塞有可能淹没或掩埋公路、桥梁或隧道,造成交通中断。更为严重的是,堰塞体不是固定不变的,容易出现因受到冲刷、侵蚀而溶解、崩塌等情况,一旦堵塞体被破坏,湖水便会漫溢而出,出现"溢坝",并最终演变为"溃堤"导致山洪暴发,水流倾泻而下,对下游地区产生毁灭性破坏。

2)抢险措施

(1)利用门桥漕渡实施抢运。门桥漕渡是渡河工程保障的常用方式,机动性强,灵活性大,便于在堰塞湖险情导致交通阻断时,利用水路快速建立物资和人员生存通道。漕渡可以采用汽艇牵引或者汽艇顶推,也可以用操舟机漕渡,条件受限时还可以采用桨、橹、钩篙等工具。通常按照以下步骤进行:

第一步:靠岸。

在门桥长的指挥下,门桥沿河岸逆流靠近码头,距码头 5~15m 时停止。当门桥接近码头时,门桥作业手将投绳从上、下游分别投给码头人员,码头人员迅速收拢投绳,系在系留桩上,协助钩篙手将门桥向码头靠拢。门桥作业手根据需要设置护舷球。门桥即将靠拢码头时,门桥作业手共同协助移动门桥,与码头对正、连接后,迅速设置跳板。

第二步:装载。

门桥与码头连接牢固后,门桥长指引驾驶员将车辆驶到门桥中央,熄火刹车。及时设置三角木,风浪较大时应加设绳索固定。

第三步:离岸。

检查载重物位置适当、固定牢靠后,门桥长指挥离岸。码头作业人员解脱系留锚钢,协助门桥上作业手收回锚钢,码头指挥员组织人员抬起跳板、分解连接装置,钩篙手协助汽艇将门桥撑离码头,汽艇低速牵引门桥,驶离码头。

第四步:漕行。

汽艇按预定漕渡路线漕行。所有作业手应面向前方按指定位置站好,避免随意走动。在岸边时,应低速航行,在河中可全速航行。航行中,门桥不得急转弯。夜间漕渡,可利用灯光、无线电等通信工具进行指挥,并在两岸码头设置信号灯,在门桥两侧设置示宽灯。

第五步:卸载。

门桥靠岸后,作业手移开车辆前侧三角木,门桥长指挥车辆驾驶员,将车辆低速驶离门桥,上岸离开。

(2)架设浮桥。浮桥渡河具有较强的通行能力,适用于大载重情况下的连续通行。鉴于浮桥渡河的这种特点,可以在堰塞湖导致交通阻断初期,迅速利用堰塞湖中的有利位置架设浮桥,临时恢复原有交通线,保障抢险救援装备和物资应急机动。

利用浮桥抢险救援的具体步骤一般是:按照标定桥轴线→投锚线→组织器

材泛水→架设栈桥→结构桥节门桥→桥节门桥引入桥轴线并连接→校正桥轴线。

4. 人员搜救行动

1）险情分析

在交通应急抢险行动中，一般很难在行动初始阶段就完成对所有被困人员及伤病员的解救和转运，很可能在抢险过程中，会零星出现其他被困人员。因此，抢修与救援往往始终同步进行，一边采用各种工程措施进行排险作业，一边随时采用有效方式对可能出现的被困人员进行搜救。

2）搜救措施

冲锋舟是渡河装备中一种高效实用的工具。其机动速度快、行动灵活、具备一定运输能力，广泛适用于各种水域。因此，往往被用作人员搜救行动的重要手段，具体行动方法是：通常将每3个舟编为1组，由1名指挥员带队指挥，并配备1名技术骨干（条件允许时，也可每舟配1名）。行动中各舟之间保持适当距离，以互相看得见、听得到为标准。每舟配正、副操作手各1名，救护（打捞）手2名，至少1根钩篙、2把桨，携带至少2箱油料及砂条、火花塞和必要工具。操舟机装上冲锋舟后，操作手必须将操舟机的固舟螺钉拧紧，操舟机的闭锁装置在水上正常航行时也应锁紧；在多障碍区行驶时，则应打开闭锁装置以便随时挂机，防止障碍物缠绕或撞坏操舟机。

5. 在救援作业中应注意的事项

救援人员要以组为单位开展救援行动，清理路基塌方、滑坡、泥石流，清扫道路和融雪融冰时，应先排险再作业，避免造成不必要的伤亡。救援现场应设置安全员，并在地质专家和技术人员的指导下全程观察救援现场的环境，一旦发现危险征兆立即发出撤离信号，作业人员应尽可能向侧面山坡或开阔地带转移。

工程兵部（分）队在维护和抢险受损道路时，如果引起交通堵塞，指挥员应派出人员组成交通疏导组，对交通进行疏导和管制。救援初期，在没有弄清楚人员被困情况时，不能直接使用大型铲车、吊车、推土机等车辆机械清理现场，防止对受困人员造成更大的伤害。

（二）及时处理遭遇的突发情况

部队展开救灾行动后，指挥员应对部队实施灵活不间断的现场指挥，及时处理遭遇的突发情况，协调部队抢救作业行动。其主要包括：为防止灾情发生新的变化或出现新的灾情,应建立观察哨和技术观测哨,并与地方有关部门和友邻保持密切联系,严密注视灾情变化,为部队下一步救灾行动提供决策依据。例如,在抢救作业时发生二次坍方、滑坡等险情,观察哨立即发出撤离信号,作业人员听到信号后立即向安全地带转移。同时,随时掌握灾情变化,调整救灾力量,完善救灾方案,改进作业方法,推广作业经验,并指导部队处理作业中的险难问题。要特别注意防止因救灾心切而鲁莽行动,要求部队既英勇顽强,不畏险难,又遵循客观规律,因灾施救,力避不必要的损失。各级指挥员在组织部队遂行抢救行动的指挥控制时,一定要坚持实事求是的原则,坚决克服鲁莽行为,并根据灾害的实际情况,科学规避风险,避免不必要的人员伤亡。做到当进之时,应该不遗余力,全力奋战;当退之时,不能违背科学,盲目蛮干。

(三)维护现场秩序

组织抢险行动时,必须充分考虑维护现场秩序,以确保抢险行动的高效进行和灾区人民生命财产的安全。维护现场秩序的主要内容包括:疏导道路交通和围观人员,守护重要目标和救灾物资,警戒危险区域。维护现场秩序的要求是:军地协同,积极争取地方警力的配合;掌握政策,积极宣传,对围观群众实行说服劝导,对起哄闹事的骨干分子和趁火打劫的犯罪分子应坚决予以打击。

三、完成任务后的行动

(一)上报完成救援任务情况

工程兵部(分)队完成交通应急抢险任务后,应按上级命令迅速收拢人员,到指定地域集结待命。到达集结地域后,指挥员应迅速划分人员休息位置,组织对人员、器材、机械、车辆、油料等进行全面检查,并及时向上级报告救援任务的完成情况。报告主要内容包括:

(1)执行任务的经过。
(2)完成救援任务的基本情况。
(3)人员伤亡,器材、机械、车辆损失和油料消耗情况。
(4)现有器材的数量和技术状况,并提出补充、请领意见。
(5)主要的经验教训。
(6)请示尔后的行动任务。

(二)组织撤离

根据上级下达的行动指示,指挥员应立即制订撤离行动方案,及时传达撤离指示,迅速组织撤离灾区。撤离中,要加强行动指挥,到达指定位置后,应根据上级指示迅速展开作业或组织休整。救援分队可利用休整间隙,整理装备、器材,做好救援任务的讲评工作,宣扬英雄人物和先进集体的事迹,组织清查、维修和补充物资器材,迅速保养和抢修车辆、机械,做好执行新任务的各项准备工作。

第五节 相关保障

指挥员在组织遂行救灾任务过程中,应根据灾情的变化及救灾需要,紧紧围绕抢险行动任务,把握军地结合、内外一体,急需先行、紧后补充的原则,做到边抢救、边保障、边完善,确保及时有效地组织各种保障。重点应组织好救灾物资、装备器材保障、运输保障、卫生勤务保障和通信联络保障等。

一、救灾物资、装备器材保障

交通应急抢险行动中的物资、装备器材保障主要包括四大类:一是人员消耗物资,主要包括给养、被装、医药等。此类保障关系到参加救援的各类人员,在艰苦的抢险作业环境中能否保障充沛体力及旺盛精力的问题,是物资保障的重点。二是作业装备器材,主要包括抢险装备、救生器材及防护器材,是提高部队救援行动效率的物质保证。三是装备消耗物资,主要包括油料、车材等,是部队保持作业能力的必要条件。四是机械、车辆的检修和保养。组织交通灾害救援行动中物资、装备器材保障,关键在于按应急抢险行动所需物资、装备器材的时间、地点和数量,及时准确地保障到参与抢险作业的分队。部队可以采取逐级补给、定点补给、调剂补给等方法组织物资、装备器材保障。在物资、装备器材筹措上,应以可能的需求量及消耗为标准,按照略有余额的要求组织。筹措方法以自备为基础,以就地或就近筹措为主要形式,协调地方政府有关部门共同实施。在补给顺序上,应坚持先主要方向后次要方向,先急需的物资、装备器材,后一般的物资、装备器材,先一线分队后二线分队和保障分队。在补给手段上,通常以计划请领为主,紧急情况下组织直达供应,以保证抢救行动的不间断。

二、运输保障

抢险行动中的运输保障主要内容有:保障部队在灾区内的机动需要;前送救灾物资、器材;转移灾区群众;后运受损装备、伤病人员等。

组织救援运输保障,应根据灾情特点、部队任务及运输需求、军地运输力量状况及交通情况等,采取直达运输或接力运输的方式周密组织与实施。部队在组织运输保障时,应把握以下两点:一是综合使用运输力量。以建制和加强的运输力量为基础,争取地方运输力量的协同,运用整体力量完成运输任务。二是突出保障重点。抢险行动过程中以急需物资前运和伤病人员后送为重点。

三、卫生勤务保障

组织卫生勤务保障,必须根据交通灾害应急抢险行动的特点、部队行动可能持续的时间及灾区疫情预测等因素,有效地组织与实施。实施过程中,应注意把握以下几个问题:一是注意与地方卫勤力量合作,建立联合救治机构,完善救援保障体系;二是组织卫勤部门及时弥补自身药品、器材的不足;三是组织强有力的一线卫勤保障力量,确保病危、重伤病人员能得到及时、有效的救治,提高现场救治率;四是组织卫勤部门广泛开展群众性救护活动,大力开展卫勤工作宣传和检疫、防疫常识教育,提高部队官兵和灾区群众的自救能力。

四、通信联络保障

遂行交通应急抢险行动,应建立以无线电通信为主、有线电通信为辅的通信网络。建立通信网络时,应明确各分队的通信人员,使用的通信器材、通信联络方法和要求,规定通信联络的呼号、频率和信(记)号等要素。

第六节 典型案例

一、基本情况

2008年5月12日,四川省汶川县发生里氏8.0级地震,汶川县、北川县等10个极重灾县(市)以及41个重灾县(市、区)对外交通全部中断或部分中断。

交通险情造成灾区群众被困于一个个"孤岛",形势万分危急。其中,都汶公路的关键性节点——跨越岷江的共 13 跨全长 370m 的彻底关大桥也遭到了严重破坏。

二、彻底关大桥受损情况

(1)跨岷江的 1~3 跨和连接彻底关隧道的第 13 跨,受山体滑坡影响致使梁体被滚落的巨石砸断,造成桥梁倒塌。
(2)9 号和 10 号桥墩被飞石击打,正面受撞击,表面破碎,背面严重开裂。
(3)第 2、3 联梁体向都江堰岸纵移,11 号墩顶伸缩缝宽度达 20~30cm。
(4)第 2、3 联梁体左移,第 4 联梁体右移。
(5)全桥左侧挡块均破损断裂。

除了上述 5 种严重震害外,还有盖梁受损开裂、支座变形或震落、防撞栏杆被砸坏、桥面板被砸坏、伸缩缝受挤压或拉伸变形移位等震害。

三、彻底关大桥抢通抢建方案

为打通生命通道,必须恢复原桥或新建临时便桥跨越岷江。为此,结合桥区地形地貌、震害情况、地形地质条件、水文条件,提出了三种抢通抢建方案。

(一)利用太平驿电站坝体做过河通道

在彻底关隧道出口侧抢建应急道路,沿老 213 线到达太平驿水电站,经太平驿站坝体到达映秀岸。其主要工程是在电站坝体上架设一座 15m 长的加强型单排单层装配式公路钢桥。

该方案难度较大,需要在两岸规模较大的滑坡体上抢修应急通道,且不稳定边坡存在继续垮塌的危险,对抢通后行车安全不利。

(二)恢复倒塌桥墩后再架设 321 战备钢桥

该方案主要工程包括:采用临时钢管墩恢复倒塌的两个桥墩;架设跨径为 33m+30m+33m 的加强型双排单层 321 战备钢桥。

该方案的优点是桥面设计高程较高,不受洪水影响,且两岸接线顺畅;缺点是桥墩恢复需要较长时间,大型专用打桩设备难以运抵现场,且洪期水中施工难度极大。

(三) 在原桥下游合适位置抢建321战备钢桥

该方案采用加强型三排双层321战备钢桥抢建桥梁上部结构,跨径为1~60m。考虑水面比降、漂浮物高度、浪高等因素,控制321型钢桥梁底高程不低于1065.06m,以满足10年一遇泄洪需要。汶川岸桥台采用钢管柱型钢笼装级配块石,沿河岸设置钢笼装级配块石防冲刷导流坝,待钢管桩钻孔完成后,浇筑表面钢筋混凝土防冲板。由于道路中断,且都江堰岸没有大型施工机具设备,该岸桥台直接采用万能杆件拼装型钢笼装级配块石,并布置两排小直径钻孔钢管桩,钢管内灌注小石子混凝土以防止冲刷。桥头引道填筑沙砾路基。

该方案主要工程包括钢管柱型钢笼装级配块石、万能杆件组装桥台、防冲刷导流坝、防冲刷钢管桩、表面钢筋混凝土防冲板、1~60m长加强型三排双层321战备钢桥、引道砂砾石路基。

该方案需压缩岷江河床,修建水中基础,其优点主要是:

(1) 可避开两岸不稳定的崩塌体。

(2) 两岸接线比较方便。

(3) 修建速度较快,工期容易控制。

其缺点和难点是:

(1) 桥台基础直接搁置在河床上,自身稳定性较差。

(2) 岷江洪期流量大,河床压缩后,流速急剧增大,导致冲刷严重,需要采取可靠的防冲刷措施。

(四) 方案比选

对于上述三种方案,经过技术人员反复研究和多次讨论,形成以下主要意见:

(1) 要确保施工期和使用阶段安全可靠。

(2) 要对拟实施方案进行渡洪安全性论证,以确保洪期桥梁安全。

(3) 在保证结构安全的情况下,力争缩短时间,缩短工期。

(4) 在统筹考虑、综合比较后,对方案三进一步细化,作为拟实施方案。

(5) 方便两岸接线,且由于321型钢桥推出法对施工场地的需要,将桥位移到彻底关大桥下游约200m处。要充分考虑都江堰岸无机械设备,完全依靠人工操作实施的可能性。

经综合比选论证后,决定采用方案三在原桥位下游抢建一座60m长的321

战备钢桥。

四、抢建实施

(一)汶川岸型钢桥台抢建

1. 型钢桥台加工

汶川岸型钢桥台采用325mm×10mm螺旋焊管做立柱,16型槽钢做平撑、斜撑,形成一个横桥向长8m,顺桥向下半部为梯形(下部宽为9m,上部宽为3.55m,高8.5m),上半部为矩形,顶宽3.55m、高3.5m的钢围笼,整个钢围笼体积近526m^3,型钢桥台加工时要注意平撑、斜撑与钢管立柱的焊接,确保焊缝饱满,保证加工质量,加工时考虑工地起吊能力,将上部矩形部分改为现场单块焊接。

2. 桥台型钢钢围笼下放

在钢围笼加工的同时,对桥位处河床进行压缩。在压缩河床时需要在桥位的上游处形成一个挑水坝,使桥台处江水基本处于相对静止状态,便于型钢桥台钢围笼的安放与调整。由于一个桥台型钢钢围笼全部加工完成质量达23t,从填筑的河道上到需落位的桥台位置有15m左右,从现场试吊情况来看,一台50t吊车无法将如此重的物体准确、安全地安放于河床上。现场决定部分斜撑和上部矩形部分不再组拼焊接,以减轻重量。同时为确保安全,采用两辆50t吊车下放。在下放过程中,先将钢围笼安放在桥台位置处,由于河床不平,河心侧低、河岸侧高,桥台钢围笼下放后处于倾斜状态。根据钢围笼现场入水情况,仔细测量、认真计算后,重新提起,根据测量数据将钢围笼立柱进行切割。由于方法得当,再次将钢围笼放入江中后,可达到平稳、竖直。为了确保安放质量,保证6个支脚全部支承于河床的砾石上,需要下水进行检查、支垫。同时从钢管上口内投入混凝土麻袋,如部分钢管下口没有与河床接触,填入的混凝土麻袋在形成强度后能对型钢桥台立柱进行可靠支撑。

待型钢钢围笼初步稳定,立即采用挖掘机向内抛填级配较好的大块石,并进一步对型钢钢围笼进行稳固,形成良好的抗冲刷基础。待钢围笼基本稳固并有一定的抗倾覆能力后,可以边回填桥台后空区边回填钢围笼,两者交错同步进行。填筑时注意钢围笼不移位、不变形。待桥台后路基成形后,测量型钢桥台高程,如达不到设计要求,可用型钢将桥台立柱接高,重新形成钢桥支座顶面。

为便于支座下应力的扩散,在钢桥支座顶面以下 1.0m 范围内,需人工夯填小粒径级配良好的砾石,顶面浇筑 30cm 厚的 C30 混凝土。

(二)都江堰岸桥台抢建

从汶川岸到都江堰岸,只能从华能太平驿水电站的大坝上过江,大约要绕行 3km,其中还要翻越 4 个大型滑坡体,徒步轻装行走 2h 才能到达作业地点。为加快都江堰岸桥台抢建进度,在原垮塌的彻底关大桥上架起一座临时过江溜索,安上过江吊笼,以人工方式将二十几吨杆件、几十吨原材料运送至桥台位置。

都江堰岸桥台利用万能杆件组拼,该杆件单件最重 73kg,便于人工抬运及组拼。由于材料及时运输到位,桥台仅用 7 天就基本拼装完成。

(三)防冲刷措施

由于本钢桥将面临严峻的洪水考验,湍急的江水尽管不能撼动近千吨的钢围笼,但可能将钢围笼下河床掏空,使型钢桥台沉陷,最终导致整个桥梁丧失行车能力。本桥在桥台上、下游设置钢围笼导流坝,桥台前面设置主动防护型钢围笼,防止江水直接冲击汶川岸型钢桥台。如果桥台下河床被冲刷,钢围笼内的砾石会借重力主动填补,避免继续冲刷,可以防止桥台沉降和保证桥台后路基安全。

1. 导流坝钢围笼加工

根据彻底关临时钢桥处的实际情况,充分考虑压缩河床后江水的冲刷以及起重机械行走、运行所需尺寸,导流坝沿岷江方向长度初步确定为 135m。根据施工图纸提供的资料及现场实测,综合考虑钢桥运行期间最高水位,按高出最高水位 1m 确定导流坝高程,确保导流坝围堰体安全。导流坝钢围笼由单层组成,钢围笼高度为 8.5m,顶宽为 3m,底宽为 5m。钢围笼立柱采用 L 100mm × 100mm × 8mm,平、斜撑及横联采用 L 75mm × 75mm × 5mm,在加工好后的钢围笼上每 15cm 采用 10mm 钢筋加密。钢围笼按一种型号加工,每节长度为 3m,共需 45 节,可视具体情况适当增减。

导流坝钢围笼施工前,应做好材料、场地、设备及人员等各方面的准备工作,原材料应按规定的场地堆码,并应根据设计图纸的技术要求进行尺度、材质及力学性能检验,对于所用的各种机械设备开工前都应进行检查调试,以确保抢建工作正常进行。

导流坝所需钢围笼应在汶川岸的河滩地上进行加工,加工好后用装载机吊运至岸边施工现场。

2. 导流坝钢围笼安放

先下放汶川岸桥台钢围笼,再在桥台钢围笼的上、下游分别安导流坝钢围笼(也可采用吊车直接安放的方式进行安装),钢围笼下放时上游侧、下游侧交替进行,直至完成。导流坝钢围笼之间与桥台钢围笼之间应及时柔性连接,依次逐步形成一个整体,下放完成后即可在钢围笼内抛放大块砾石直至钢围笼顶面。随后可用挖掘机回填砾石,在钢围笼内侧形成一个较为稳固的导流坝,逐步压缩河床断面,完成导流坝施工。

(四)321钢桥上部结构的拼装及架设

1. 场地准备

(1)根据两岸的接线位置、地形、高差和地质等情况,决定推出岸和对岸的摇滚至岸边的最小安全距离。

(2)定出平滚、摇滚与座板的位置,测得桥中线桩与平滚、摇滚、座板标示桩的高程,中线桩应测至对岸鼻架端能达到的最远处。

(3)根据架桥现场的地形、道路状况,在推出岸的桥头规划出堆放桥梁部件、工具的位置和建桥器材车辆掉头的位置,使人工搬运距离最短,使用最方便。在对岸无法先期到达时,可将对岸座板和摇滚放在鼻架上,随桥架推出运送至对岸。

2. 滚轴安置

滚轴可分为摇滚和平滚两种。摇滚设在推出岸和对岸岸边,用于桥架的推出和桥架的坐落,平滚安置在推出岸的摇滚之后适当位置。

(1)摇滚置于两岸的河边,其与河边的距离由地基承载力与土壤的静止角而定。摇滚的纵向(垂直于河流方向)位置设在桥座座板靠河边一侧,使桥梁最后就位时,桥头端柱落在座板的中心线上。摇滚与座板的距离为1.0m,不得小于0.74m。

(2)平滚用来拼装桥梁,在推出岸摇滚之后每隔5.7m安置一组平滚。对于本桥三排双层加强型桥梁,内排桁架占用里面平滚靠外面的一个,中外排桁架分别占用外面平滚的两个滚子。

(3)安置平滚之前要布置好滚轮样盘。

3. 钢桥架设

钢桥采用悬臂推出法,鼻架为单排8节,双排4节,三排2节,总长14节,对岸用卷扬机牵引,架设时注意横梁安装在桁架的阴头端。

第一步:单排鼻架的拼装。

(1)在推出岸两边的每个摇滚上各竖放一片桁架,桁架的一端放在摇滚上,另一端放在临时垫木上,各片桁架的阴头朝前。

(2)将第一根横梁置于前端竖杆后面(注意:放在阴头端),并将横梁底面内两排孔眼各自套入两片桁架上弦横梁垫板上的栓钉,用横梁夹具夹住,但不拧紧,待该横梁上的斜撑安装好之后才能将横梁夹具拧紧。

(3)安装第二节桁架,同时在前一节桁架的横梁上安装斜撑。

(4)在第二节桁架前端竖杆的后面安装横梁,用横梁夹具轻轻夹住,待横梁上斜撑安装好后再拧紧。

(5)安装第三节桁架,并在第一节桁架上安装抗风拉杆。

(6)根据两岸地面高差确定下弦接头数目,然后在鼻架下弦两桁架接头处安装下弦接头,并用桁架销子连接。

(7)依照上述拼装步骤循环进行,直至鼻架第九节单排桁架拼装完毕。

第二步:双排单层鼻架的拼装。

(1)在第九节接好的桁架外边,再各安装一片桁架,并在相邻两片桁架上弦杆的顶面安装支撑架,但不拧紧螺栓,使之构成临时框架。

(2)在桁架中竖杆前安装横梁就位,然后装上横梁夹具,但暂不夹紧。

(3)把第二根横梁装在后端竖杆的前面,用横梁夹具夹住。

(4)将第三根横梁装在前端竖杆之后,与此同时,在第二根横梁上安装斜撑。

(5)再安装次一节桥梁的内排桁架,同时在第一节桁架内安装抗风拉杆。

(6)安装第二节桥梁的外排桁架,同时旋紧第一节桥梁的支撑架、横梁夹具和抗风拉杆。

(7)按上述步骤安装到第13节。

第三步:三排单层鼻架的拼装。

(1)将第14节内排桁架连接在已装好的鼻架上。

(2)将第二排桁架抬起置于平板或垫木上,并与安装好的鼻架对齐,用人扶着,使第一、二排桁架上弦杆的顶面在同一高程上,然后在两桁架之间安装支撑架,待第一节桁架的横梁就位后,拧紧支撑架螺栓。

(3)安装第二节桥梁的第二排桁架。

(4)抬上第一节桥梁的第三排桁架,用人扶住,不让其倾倒。

(5)在第一节桁架中竖杆前安装横梁,用横梁夹具夹住,但不拧紧。

(6)在第一节桁架后端竖杆前,安装第二根横梁,用横梁夹具夹住,仍不夹紧。

(7)在第一节桁架前端竖杆后,安装第三根横梁,并在第二根横梁上安装斜撑。

(8)安装第一节桥梁的抗风拉杆,并在第二与第三排桁架前端竖杆上安装联板,然后拧紧所有的横梁夹具。

第四步:三排双层桥梁正桥的拼装。

三排双层桥梁的拼装与三排单层桥梁的拼装方法一样,当完成四节三排单层的底层桥梁后,即开始安装第三节桥梁的上层桁架。每安装一节正桥桁架前必须先安装下一节中间那片桁架,让中间这片桁架先装一节。

为了装拆方便,只装双层桥梁上层桁架的销子,均由里往外插,故次一节的外排桁架必须在前一节的中排桁架安装之前装上,否则外排桁架的销子就无法装上。

第五步:钢桥面板的铺设。

钢桥桥面架设与桥体架设顺序相反:

① 架设每节桥面板。桥面板的架设顺序由中央桥面板开始,往两边分别架设标准的桥面及路缘板。

② 整节桥面板架设好后,U型螺栓只需拧紧。

③ 按顺序逐节安装桥面板。

④ 检查调整整桥桥面板,使之整齐、平整,然后紧固所有U型螺栓和L型螺栓。

第六步:桥梁拉出、落位。

(1)所有321钢桥装配齐全后,检查连接钢销及螺栓,做好牵引准备。

(2)在汶川岸设置转线地锚。地锚采用挖掘机开挖,人工回填砾石,做成重力式地锚。地锚需考虑两个转线:一是牵引转线,二是制动尾绳转线。根据桥梁质量及平滚数量,经计算钢桥推出的摩擦力为130kN左右,故牵引力按5t卷扬机走4线滑车组的方式进行牵引。制动尾绳采用5t卷扬机走单线,起保险作用。

(3)牵引时注意及时调整对岸平滚的位置及角度,如桥位调正后可将对岸平滚方向与桥轴线垂直,不再对桥轴线进行调整。

(4)当鼻架过江后支承于桥台上,可根据牵引进度适时拆除多余的鼻架。

(5)桥梁落位采用 4 个 50t 千斤顶,或根据实际情况进行调整。汶川岸场地较好,桥梁落位采用 50t 吊车,直接落位;映秀岸采用 4 个 50t 千斤顶进行落位,上好桥座板。落位时注意需单边落位,待一方完成后再落另一岸。

(五)钢桥保通措施

(1)根据设计要求准确定位桥台的平面位置,在下放时随时控制其垂直度,避免倾斜。

(2)钢围笼回填级配较好的砾石,确保回填质量。

(3)在全部钢桥完全贯通后,对全桥各部位进行全面检查,对连接梁及横梁的 U 型螺栓进一步紧固,及时发现问题和排除隐患,确保钢桥质量。

(4)各构件焊接要焊透,长度满足要求。螺栓连接应将螺栓拧紧,使用一段时间后安排专人检查加固。

(5)实行交通管制,车辆行驶严格限速,禁止急停、加速,单车限速 5km/h,限重 20t。

(6)洪汛期间,安排专人观察水位,检查冲刷深度,当水位超出设计水位时,应采取顶升措施。与水文部门及时联系,掌握水文变化情况。

(7)在钢桥两端设置限速牌、安全行驶标志、夜间警示标志,钢桥上设置照明灯及荧光标志,平台处设置大功率照明灯,供夜间照明。

第六章　渡河桥梁装备在事故救援中的运用

事故救援是指在事故发生时,为及时营救人员、疏散撤离现场、减轻事故后果和控制事故发展而采取的一系列有组织、有计划的抢救援助活动。它具有紧迫性、系统性和强制性等特点。渡河桥梁装备由于其机动性能好、可靠性高、作业速度快、作业人员少等特点,在事故救援中被广泛运用。

第一节　任务与环境

由于事故的发生具有突发性,在很短的时间内就会造成人员伤亡、交通中断、房屋倒塌与诱发次生事故等。为了最大限度减少损失,必须在短时间内启动应急预案,调集应急救援人员、装备、救援物资等展开救援行动。渡河桥梁装备在事故救援中既可作为保障装备用于抢通或改善交通,又可作为战斗装备用于水上搜索救援。

一、任务

(一)抢通或改善交通

有些事故的发生会伴随着道路损毁,或者现有道路桥梁无法满足救援装备快速到达救援现场,以及满足人员、车辆和物资等的疏散要求,因此抢通或改善交通对事故救援行动的实施有着最直接的影响。渡河桥梁装备遂行抢通或改善交通的任务主要包括:一是紧急克服道路上的小河、沟渠、陡坡、泥泞路等障碍;二是抢修与加强桥梁,抢修局部破坏或者严重破坏的桥梁,对不能满足荷载要求的桥梁实施加强作业;三是利用舟桥器材架设浮桥,开辟水上通路。

(二)水上搜索救援

水上事故应急救援包括将应急所需的救援人员、物资、装备等及时送至事故地点,并将事故中的遇险人员或其他受事故威胁的人群、财产迅速转移。渡河装备遂行水上搜索救援的任务主要包括:一是运送救援人员、物资和装备等到达事故地点;二是搜索并救援遇险人员。

二、环境

(一)救援环境恶劣

事故的发生一般很突然,危害严重,而且随着时间推移损失可能急剧扩大,因此事故救援的形势一般非常紧迫。特别是,水上事故发生后一般需要大范围、长时间搜寻,给搜救工作造成困难。有些事故发生后,放射性物质、有毒有害物质严重污染空气、地面、道路和生产、生活设施等。同时,受污染的空气会随风飘移、迅速扩散,危害范围广、程度大。

(二)社会影响大

事故的发生在时间、地点和类型上都有很大的不确定性。严重的事故灾难会影响社会正常的生产、生活和工作秩序,有的甚至会引发社会局部地区的混乱。渡河桥梁装备遂行事故救援任务时存在作业空间受限、地质水文不明、危险系数高等情况。

第二节 运用时机

当事故发生后,原有桥梁损坏或不能满足通行救援装备载重量需求时,可利用桥梁装备对其进行抢修或加强。当道路泥泞或土质松软不能达到救援装备通行需求时,可利用路面装备在该路段上铺设制式路面。当选用的救援道路上存在干沟、陡坡或河流等情形时,可架设桥梁装备或舟桥装备。水上救援时,可利用舟桥装备结合门桥进行救援装备物资的输送、搜救,或利用冲锋舟进行搜救。

渡河桥梁装备遂行事故救援任务时的使用应根据任务需求、作业地点环境和装备自身特性等多种因素综合确定。

一、任务需求

渡河桥梁装备在遂行事故救援任务时需充分了解时间要求、通行装备或车辆的类型和重量、待疏散的人员物资等情况。当时间要求非常紧急、通行的装备或车辆为重量较轻时,可选用载重量低、作业速度快的渡河桥梁装备。当通过的装备或车辆为重型装备时,则需选用载重量大的渡河桥梁装备。当需疏散的人员较少时,可以选用灵活的冲锋舟。

二、作业地点环境

在使用渡河桥梁装备时,需要充分考虑克服障碍的类型、特点,附近的就便材料及可利用程度,以及天候、环境、季节等对执行任务的影响。例如,作业地点较为宽阔,便于机械作业,可选用机械化桥或舟桥装备。若为山岳事故,可选用徒步桥或徒步吊桥。需要克服土质松软或泥泞路段时,可选用机械化路面。

三、装备自身特性

渡河桥梁装备的自身特性主要包含克障能力、作业时间、载重量、外形尺寸、结构形式、作业方式等。例如,桥梁装备根据载重量可分为重型桥、轻型桥和徒步桥;舟桥装备根据需要可架设浮桥克服宽大的江河,也可采用门桥漕渡的方法,以强渡(不连续)的方式将装备车辆、人员物资渡送至指定地区。

第三节 方法与编组

在事故救援中,可利用舟桥装备架设浮桥或结合门桥、利用桥梁装备架设固定桥、利用路面装备克服泥泞或土质松软路段等方法抢通或改善交通,以及利用门桥或冲锋舟进行水上搜救。

一、方法

(一)直接架设浮桥

在救援途中遇到江河障碍时,利用舟桥装备可以架设浮桥,克服江河障碍,保障救援力量的通行和救援实施。在江河沉船事故救援时,可以利用舟桥装备架设浮桥,打通沉船与岸边的通道,利用浮桥运送救援物资和沉船中的物品与遇难者。对大型船舶事故进行救援时,根据救援需要,可在沉船下游1000m左右的位置架设浮桥段,拦阻漂浮物品,便于搜救、打捞。

事故救援时架设浮桥,在河幅较窄时,可采用将桥节门桥由一岸引入桥轴线并逐步接长,闭塞选择在流速较小的一岸。如果桥节门桥分别系留在上、下游投锚线外侧岸边时,可先上游、后下游由近及远交替引入。如受地形限制,可将门桥系留在上游或下游投锚线外侧,由近及远地引入;当流速较大时,一般在下游投锚线外侧系留,这样可逆流引入架设。也可将桥节门桥在岸边结合成长浮桥段,配置在上游或下游投锚线外侧 20~30m 处,架设时,旋转引入桥轴线。

河幅较宽时,桥节门桥自两岸引入,按一岸架设法接长。闭塞位置最好避开主流线。桥节门桥如配置在我岸,则上游引入我岸,下游引入对岸;如配置在我岸投锚线一侧,则将近的引入我岸,远的引入对岸。特大江河,可在河中固定一桥节门桥,然后分别按两岸架设法进行。

(二)利用门桥救援

事故救援用门桥,主要利用舟桥装备结合成门桥,直接用于救援行动。根据救援用途,可结合成普通漕渡门桥和工程作业门桥。事故救援行动时门桥的结合,根据场地条件灵活使用结合方法,门桥的吨位在满足水中稳定和安全的情况下,可结合非标准吨位的漕渡门桥,以利于救援使用。必要时,可直接将浮桥段作为救援门桥使用。门桥靠岸位置的码头,可利用固有码头,或利用机械、人工构筑临时码头,供门桥靠岸使用。

(三)架设固定桥

当救援道路上遇到干沟、沟渠、陡坡,原有桥梁损坏或承载力不够时,可利用桥梁装备架设新桥或桥上桥。架设新桥和桥上桥的方法基本相同,只是架桥的位置不同。桥梁装备的选用可根据实际情况灵活确定。

重型机械化桥、山地伴随桥和重型支援桥均属于机械化桥,尽管它们的作业方式和作业步骤不同,但基本的作业流程基本相同。ZB200 装配式公路钢桥和徒步吊桥均属于拼装式金属桥,作业流程相近。

(四)路面配合救援

在事故救援行动中,可利用路面器材,克服岸滩、泥泞道路及松软地段。机械化路面一般的适应坡度为纵坡 15%,横坡 5%;地基软土深 0.5m 以内,地基允许承载力不小于 0.07MPa。根据需要,路面器材可以单车使用,也可以多车铺设。

(五)冲锋舟水上救援

利用冲锋舟救援时,通常使用操舟机作为动力。将操舟机抬起,引向舟的舷板以外,将悬挂支架卡入舷板,移动操舟机至舷板中心,即舟的轴线上,用手旋紧舷板夹紧螺杆,然后,在操舟机和舟的系环上系好安全绳。航行 10~20min 后,应再次旋紧。为保证操舟机在不同舟型、不同载荷的情况下,充分发挥发动机的性能,在使用时,应选择相应的螺旋桨。螺旋桨螺距的选择范围为 203~483mm(即 8~19 英寸)。螺旋桨螺距的选择依据是:操舟机在航行中,当节气门全开时,发动机的转速应在标定的最高转速范围内(5000~5500r/min)。如果发动机转速低于标定最高转速的 85%,应选择较小螺距的螺旋桨;相反,如超过标定最高转速,则发动机超转速工作,容易引起关键零件损坏,应选择较大螺距的螺旋桨。在正常情况下,螺旋桨螺距每变化 25.4mm(1 英寸)会使发动机转速产生 150~350r/min 的变化。

二、编组

渡河桥梁装备遂行事故救援任务时,人员的编组根据行动方式、兵力、装备、地形、江河、天候等情况确定,通常可分为指挥组、侦察排障组、进出路构筑组、架设(铺设)作业组、保障组。水上救援时,还应有水上救援组。

(一)指挥组

指挥组主要负责行动的组织指挥和与上级的联系。

(二)侦察排障组

侦察排障组的主要任务是负责对架桥点的地形环境实施侦察,选择具体架桥位置,标示进出路;排除架桥点附近影响作业的障碍物和桥位上游漂浮物。根据任务又可分为江河侦察组、地形及接近路侦察组、排障组。江河侦察组 5 或 6 人,侦察架桥点江河情况,主要包括:架桥点和预备架桥点河流的水位、流冰位、水深、流速,地质、河底性质,通航、漂流物、水工建筑物等情况;地形及接近路侦察组 3 或 4 人,侦察架桥地域地形及接近路情况,主要包括便于架桥的位置、两岸地形,适于作业和展开器材的场地等。

(三)进出路构筑组

进出路构筑组的任务主要是负责构筑我岸及对岸接近路、进出路。人工构筑进出路时,可视兵力情况及进出路构筑工程量大小灵活编配人员;若有工程机械作业,则通常有 2 或 3 人配合作业即可。

(四)架设(铺设)作业组

架设(铺设)作业组的主要任务是负责架桥作业和路面铺设作业。可根据渡河桥梁装备的类型和具体装备数量灵活编配。例如,架设重型机械化桥时,单跨需要7人,全套需要13人。架设ZB200型装配式公路钢桥时,架设作业组又可以分为5个小组:装运组8人,其任务是抬运和安装桁架、桁架销子;加强弦杆组4人,其任务是抬运和安装加强弦杆;横梁组10人,其任务是抬运和安装横梁;连接组8人,其任务是搬运和安装抗风拉杆、斜撑和联板;桥面组10人,其任务是抬运和安装桥板、缘材、跳板支座及端头板。

(五)保障组

保障组的主要任务是各类器材的筹集、加工和运输,必要时协助其他组进行作业。

(六)水上救援组

水上救援组主要操控门桥、冲锋舟进行装备物资的运输和人员搜救工作。

第四节 组织实施

渡河桥梁装备在遂行事故救援任务时,指挥员必须讲究科学、周密计划、严密组织。在准确掌握情况的基础上,积极科学地选择作业或救援方式、合理运用装备,确保任务高效完成。

一、遂行事故救援任务的准备

渡河桥梁分队受领事故救援任务后,应迅速判断情况,通过各种渠道获取事故信息,预测本队可能担负的任务,区分行动编组,明确动作要领,定下救援决心后迅速向部队下达任务,指导分队做好救援准备的各项工作。

(一)受领任务,进行各项准备

受领任务的方式通常有按级、现地和紧急三种受领方式。指挥员受领事故救援任务时,应清楚:任务的地点、区域、类型、性质及相关要求;事故地区安全形势;本部(分)队的任务及其在完成上级任务中的地位作用;物资、器材的供给方法；实施救援任务的时限及注意事项等。指挥员受领任务后，要认真分析和了解所担负的救援任务，为正确定下救援决心提供依据。

指挥员应根据受领任务和已掌握的资料，分析判断完成事故救援任务的利弊条件，明确具体任务、计划安排工作、做好行动前的准备。

（1）分析形势。事故地区的社情、民情和环境及其对我行动的影响；事故地区进驻或将要进驻救援队伍的数量、位置及通信联络的方法等。

（2）明确任务。按照任务需求，认真领会承担的任务。

（3）计划安排工作。为使各项准备工作有计划、有步骤地进行，指挥员应科学合理安排工作，精确计算时间，对各项工作进行统筹计划，合理确定各项工作的内容和完成时限。

（4）行动准备。完成装备车辆的检修、物资器材的准备。

（5）拟制现地勘察计划。该计划包括人员编组、各组任务、携带器材、勘察路线、协同方法、完成时限等。

（二）现地勘察

现地勘察目的是进一步对事故救援任务地区各项情况详细了解。其主要包含：

（1）江河（水上）情况。该情况主要包括：江河宽度、水深和流速，河床与两岸的土壤性质，有无良好的下河斜坡和上岸斜坡；对接近路，判定便于构筑渡口的地段；水工建筑物、水中障碍物；现地有无渡河器材和就便材料，为架设桥梁、开设渡口和水上搜救提供可靠资料。

（2）地形材料情况。该情况主要包括：事故救援地区附近有无障碍物，是否便于展开作业；有无可利用的木材、金属材料、混凝土预制构件等，以及这些材料的位置、种类、规格、数量、加工条件、运输路线等情况。

（三）制订救援方案

根据现地勘察结果，结合渡河桥梁装备的数量、能力，制订救援方案。其具体内容包含作业地点、编组分工、实施计划、完成时限、物资器材、通信联络、注意事项等内容。

（四）下达命令，进行思想动员

待救援方案被批准后，指挥员应向执行任务的部（分）队下达命令。命令的内容通常包括:事故简要情况;救援行动兵力编成及救援任务;出动的时间、机动路线及到达地点;有关指挥联络方式及保障等。向执行任务部队下达命令必须快速简明。

指挥员下达任务后,应结合明确任务进行简短有力的思想动员。其主要包括:救援行动的意义、各级人员的责任、战斗口号、救援纪律等。时间特别紧迫时,可采取边开进边动员的方法。

(五)组织向救援地区开进

距执行任务地区的路程较远时,指挥员应严密组织本单位实施快速机动,确保本单位能按照上级的规定,及时、安全地到达预定位置,适时投入应急行动。

组织本单位开进时,应明确以下事项:一是开进出发地区的位置,开进开始的时间,到达上级规定的调整地区及中间休息地区的时限,到达开进终点的时间。二是所属各应急救援分队的开进路线,当所属参加应急救援分队在上级统一组织协调下,加入友邻单位或其他兵种分队的开进序列时,应明确到达的位置和时限。选择各参加应急救援分队的开进路线时,应尽可能照顾到开进方向与投入方向的一致性。三是开进的序列,包括各应急救援组织在开进队形中的位置、单位之间的间距、车辆行驶的速度。四是开进途中的报告与联络方法,指挥员的位置。

在开进中应加强指挥。其具体包括:正确掌握行进方向,保持开进队形,及时处置各种情况,组织开进中的各应急救援力量按时、安全地到达上级指定的地区;开进中如遇到道路堵塞,应尽可能指挥开进队伍就近绕行,不要与友邻抢路夺道。此外,也不要因为个别车辆发生故障而延误整体的行动。在恶劣的天气条件下或复杂地形上实施开进时,更要做好各方面的准备,如采取车辆防冻、防滑、防雾、防陷及人员的保护措施等。

二、遂行事故救援任务的实施

渡河桥梁分队到达事故救援地点后,应迅速向事故救援指挥部报告,依据指挥部赋予的任务和行动预案,进一步补充明确行动方案。若时间非常紧迫,应立即投入救援行动。

(一)抢修或改善交通

架设桥梁、浮桥和铺设路面的程序大体一致,本小节以架设桥梁为例进行介绍。

1. 作业场地部署

作业场地部署包括警戒位置、指挥组及各作业组位置、装备器材停放场、进出路线等。架设浮桥和结合门桥时,还应根据要求开设渡场。

架设桥梁(浮桥)的作业场地部署,通常按渡河桥梁装备的类型和技术要求分别组织实施。例如,重型机械化桥架桥点我岸桥头要有宽不小于5m、长度不小于15m的直线段,障碍深度应在3.32~5m,岸边纵坡在+8°~-10°,横坡度不大于3°,河底沿桥轴线坡度小于20°。在满足技术要求的架桥场地上标出桥轴线、桥础基线、倒车线和倒车定位点,并在倒车线一侧完成架设各项准备(也可在架桥点附近隐蔽的地方进行),待架桥作业开始后,依次实施架桥作业。

2. 架设桥梁作业

架设桥梁作业是行动的重要环节,各级指挥员应果断地实施指挥,灵活机智地处置情况。在架桥过程中,指挥员的工作主要包括掌握和判断作业进度、控制协调各组作业行动、及时果断处置情况、评估作业效果、不断修正和调整作业计划。作业分队的行动主要包括根据作业内容有序作业、注意作业质量、改进作业方法、加强配合和协同、确保作业安全等。

3. 桥梁检查和通载试验

桥梁架设完毕,应按有关战术技术要求、规范进行桥梁的质量检查和通载试验。架设的桥梁符合要求方可通载。

(二)水上搜索救援

1. 利用门桥搜救

利用门桥输送装备、物资器材时可根据输送对象的重量选用不同承载力的门桥。若条件允许可以利用汽艇牵引、顶推或旁带。用汽艇牵引门桥,牵引钢索长度为门桥长度的1.5~2倍。这种方法转变灵活,但汽艇尾部水流冲击舟首,影响航速。采用汽艇顶推门桥的方法时,汽艇固定在门桥尾部中央,汽艇与门桥相接的位置加垫护物,以防磨损。顶推法与牵引法相比,门桥阻力小,但门桥上装载的车辆、物资等容易遮住驾驶员的视线,影响航行,需要门桥指挥员与汽艇驾驶员加强配合。若环境不能满足汽艇航行的要求,则每个门桥均应配备数量足够的钩篙。

装卸载时应注意以下事项:

(1)荷载的重量不得超过门桥载重量。

(2)装、卸载时,锚钢必须固定牢固并张紧。

(3)车辆上门桥前,乘员一律下车,驾驶员熄火后下车,按指定位置坐好,不得将手、脚伸出舷外,不准站在门桥边缘的甲板上和吊起的跳板上。

(4)车辆上、下门桥时,不得变速、急刹车和转向。

(5)装、卸过程中,各荷载必须连续上下、均衡配置,以防门桥产生纵向倾斜,负弯矩和荷载过度集中。

(6)荷载在门桥上的位置,应稍向尾偏(约0.20m),不得首偏,风浪大时,可将荷载固定在门桥上,只有当荷载完全装好后,门桥方可离岸航行。

(7)放置和折叠岸边舟跳板时,距铰链3m以内禁止站人。

(8)水位升降时,应及时整修进出口和调整固定位置。

2. 利用冲锋舟搜救

用冲锋舟搜救时,一般每3艘舟编为1个小组。搜救时舟与舟之间的距离不要拉得太远,以互相看得见、听得到为标准,以便互相照应,利于处理突发事件。通常每个舟有正、副操作手各1名,需要时配救护、打捞手2名,最好带1名熟悉当地地形的向导。

每舟除配备钩篙、桨、水斗外,还应做好以下准备工作:

(1)备足油料及配件:每舟至少应携带两箱油料,并带上维修工具箱及砂条、火花塞等。

(2)备好救护器具:舟上必须穿上救生衣(或救生背心)。同时,还需携带适当数量的备用救生衣(救生背心、救生圈等)以及索具,以便救人时使用。

(3)携带联络工具:每舟至少应备有1支手电筒及口哨,有条件时可配备1部通信电台,以便相互间的联络或救援时向被救者发出信号。

(4)操舟机固定确实:操舟机装上冲锋舟后,必须将操舟机上的紧固螺钉拧紧,以保证在复杂条件下行驶时操舟机能够正常工作,并可防止舟倾覆后操舟机与舟脱离。同时,操舟机的闭锁装置在正常行驶时也应关闭锁紧,在多障区行驶时则应处于开锁状态,以便能随时挂机,防止水中障碍物缠绕螺旋桨或撞坏操舟机。

三、完成任务后的行动

(一)抢修或改善交通

1. 上报完成任务的情况

渡河桥梁分队完成任务后,应立即向上级报告任务完成情况。其主要内容包括：架设桥梁（浮桥、门桥、路面）的类型、长度、载重量、车行道宽度，通载试验情况，桥梁（浮桥、门桥、路面）使用建议等。

2. 桥梁（浮桥、门桥、路面）的维护和保障通行

桥梁（浮桥、门桥、路面）的维护主要是检查系留装置、连接部位是否牢固可靠，有桥脚的桥梁应注意观察桥脚沉陷情况，保持桥面平整，及时排除桥梁（浮桥）上游危险漂流物，随时测量水的流速和水位变化情况。

保障通行主要是引导装备、车辆按规定通行。

(二)水上搜索救援

1. 上报救援任务情况

报告主要内容是：执行任务的经过，完成救援任务的基本情况，人员伤亡，器材、机械、车辆损失和油料消耗情况，主要的经验教训。

2. 组织撤离

完成水上搜救任务后，在得到下一步任务的行动指令后，指挥员应立即制订撤离行动方案，并迅速传达撤离指示，迅速组织撤离。撤离行动中，要加强指挥，到达指定地域后，应根据上级指示，迅速地展开救援作业或组织休整。

救援分队利用休整间隙，及时整理装备、器材，做好救援讲评工作。宣扬救援中的英雄人物和先进班组的事迹，组织人员清查、维修和请领、补充物资器材，迅速抢修机械、车辆，同时做好执行新任务的各项准备工作。

第五节　相关保障

渡河桥梁装备遂行事故救援任务必须要有强有力的保障，其保障内容主要包括情报信息保障、通信保障、后勤保障和装备技术保障。

一、情报信息保障

渡河桥梁装备遂行事故救援任务的情报信息保障主要是行动对象的情况，包含行动区域的建筑、地形、地貌、水文、气象、天候等自然环境和交通环境、社会环境等。从信息来源看，可以分为上级提供和本级获取。本级获取的手段又可分为人工获取和技术获取。人工获取主要包括现地勘察、搜索、调查文献、公开新闻媒体收集等。技术获取主要是通过卫星侦察、红外线侦察等。

二、通信保障

渡河桥梁装备遂行事故救援任务时,一般行动节奏快、各种行动转换频繁,同时还要兼顾与其他地方救援力量的协同,因此应确立突出应急、超常保障的思想;在保障对象上,确立以指挥中心、一线分队、重要地域为重点;在组织运用上,可以确立建立专网、多手并用的模式。通信手段上可以采用无线通信和有线通信。

三、后勤保障

由于事故发生突然、情况紧急,因此渡河桥梁装备遂行事故救援任务的后勤保障时间紧、任务重。后勤保障内容主要包括物资器材保障和卫勤保障。

(1)物资器材保障:主要包括给养、被装、医药、油料、车材、机械备件、各种作业工具、大型施工机械等物资器材。物资器材保障重点要做好以下三方面工作:一是预测物资器材的需求量。其主要根据参加任务的人员多少、遂行任务时间的长短、任务的性质、供应标准等方面进行预测。二是筹措物资器材。物资器材保障除由部队本身直接供应外,还应靠市场采购、就地动员征用补给、动员其他地区支援等方法进行筹措。三是根据需要完成物资器材补给。筹措到的物资器材,根据标准和需要,采取前送补给与就地采购补给的办法,确保物资器材及时、适量、准确地为遂行任务的部队实施补给,以增强战斗力。

(2)卫勤保障:为保证遂行事故救援任务官兵的身体健康、抢救人民群众生命而采取的一系列保障措施。

四、装备技术保障

渡河桥梁装备遂行事故救援任务时的装备技术保障,必须快速反应,周密筹划,统一组织,才能适应快节奏行动的需要。一是充分准备。只要时间和条件许可,就应尽可能地组织检查、保养、检修、零配件筹措等技术准备工作,保证各类装备以良好的技术状态投入事故救援任务之中,不会因装备的故障问题而影响整个行动的进行。二是灵活运用多种保障手段。通常情况下,应以现地维修保障为主,辅之以申请技术保障、定点维修保障和巡回维修保障。维修保障时,应尽可能地进行原件修理和换件修理,紧急情况下也可进行拆拼修理,但必须严格控制,慎重实施。

第六节　典型案例

2015年6月1日21时30分许,重庆东方轮船公司所属旅游客船——"东方之星"号,在由南京驶往重庆途中突遇龙卷风顷刻翻沉,当时江面狂风暴雨,巨浪滔滔,顷刻间454名旅客和船员陷入绝境。

在以习近平同志为核心的党中央坚强领导下,在国务院工作组直接指挥下,湖北省、湖南省、重庆市等地党委和政府,中央有关部门统一行动,人民解放军、武警部队及海事部门迅速调集力量,一场举国动员的搜救行动迅速展开。

一、上下同心,分秒必争搜救生命

接报后,中共中央总书记、国家主席、中央军委主席习近平立即作出重要指示,要求国务院立即派工作组赶赴现场指导搜救工作,湖北省、重庆市及有关方面组织足够力量全力开展搜救,并妥善做好相关善后工作。

中共中央政治局常委、国务院总理李克强立即批示,并代表党中央国务院、代表习近平总书记急飞事件现场,指挥救援和应急处置工作。第一时间,各方救援力量迅速集结。

交通运输部6月2日凌晨启动一级应急响应,连夜召开应急领导小组第一次会议,迅速成立应急处置领导小组,作出工作部署;公安部紧急调集治安、消防、交警等警种,协调海警、交通公安等各方力量立即行动;国家卫计委立即组织事件周边地区卫生救援力量,紧急驰援;水利部、气象局、安监总局、民政部、旅游局、保监会等部门纷纷实施相关应急处置工作。

人民解放军和武警部队是主力军、突击队。海军三大舰队和海军工程大学、广州军区派出200余名潜水员紧急赶赴现场,下潜到一个又一个舱室,连续作战,通宵达旦;武警湖北总队抽调武汉、荆州、荆门、宜昌支队共1000多名官兵、40艘冲锋舟,赶赴现场展开搜救和外围警戒等任务;截至6月5日上午,军队和武警部队共投入3424人,民兵预备役1745人,空军直升机1架和舟艇149艘,工程机械59台,在水面、水下、陆地和空中全力以赴投入救援行动。

地方政府主动配合行动。湖北省启动水上搜救一级应急响应。长江海事局和事发地及附近下游党委政府组织力量沿江搜救;湖南省岳阳市仅6月4日一天就出动搜救船只400多条,救护车20台,冲锋舟11艘,参与搜救人员达2000多人。上海、江苏、重庆、浙江、福建、山东、天津等地陆续派出工作组,赶到现场,协助救援和处理善后。调集一切可以动员的力量,采取一切可以采取的措施,不惜一切代价,全力救人。

为降低救援现场的水位,长江防汛抗旱总指挥部从6月2日开始,三次进行调度,将三峡水库的下泄流量从17200m³/s减少至7000m³/s。

对此,美国《华尔街日报》网站评论说,中国政府为调节长江的水流和水深作出了巨大的努力。

6月2日13时30分,65岁的老人朱红美被成功解救出水。从确认信息到救人上岸,整个过程花了2个多小时。这也是事故发生后现场指挥大搜救中的首位获救者。救出朱红美,不仅坚定了消防救援人员的信心,也使他们找到了困难情况下救援的有效办法。如法炮制,13时55分,潜水员在消防救援人员的引导下,在沉船气垫层内再次找到一名幸存者。15时28分,21岁的船舶加油工陈书涵被成功营救。至当日22时,突击分队共协助营救出2名幸存者、打捞出14名遇难者。

码头狭窄,车辆实行限行。一应物资须得在2km外的停车场由人工转送码头。全体官兵徒步2km,每人背负三四十斤的救援器材,冒雨疾行。

冲锋舟更沉,原本由大卡车装载,现在必须合力推行。地上的积水很深,战士们跳进水里,泥浆飞溅,个个成了泥人。

二、组织有序,优化决策,为生命增加希望

6月4日晚8时许,夜幕降临,一轮明月驱散了几天的阴雨缠绵。

江面上,发动机的轰鸣声此起彼伏,两艘大型起吊船开始作业:钢缆从水下穿过船体,吊钩固定,船体翻转扶正,抽排水……攻克难关,小心翼翼,稳步推进。经过不眠不休近24h的连续奋战,翻沉的"东方之星"整体浮出水面。

打开生命之门,除了靠争分夺秒、众志成城,更需要科学施救这把钥匙。

严密组织,有力指挥。国务院成立由副总理马凯任总指挥的搜救指挥部,统筹协调有关部门、解放军和武警部队、地方搜救力量,有序施救,科学施救,精准施救。

设立前方指挥中心,保障现场搜救人员顺畅作业、迅速搜救。

科学分工,各负其责。来自海军、海事等部门的潜水员负责按船体图纸摸排船舱;水面搜索由海事及武警部队负责;岸上搜救主要由武警和群众联合完成;空军直升机负责事发现场和下游江面的低空搜救……在沉船顶部,一共3个小组同时潜水救援。一个潜水救援小组正常配置6人,其中一名潜

水员、一名备用潜水员、一人负责信号、一人负责供氧的软管、一人听电话、一人指挥。但这次时间紧、任务重,每个小组配备了9人,以确保万无一失。

科学救援,选配最强力量装备。事发后24h内,交通运输部门协调各类船艇共110多艘。上海打捞局、东海救助局挑选了具有丰富海事救助和打捞经验的24人精干救助力量,携带潜水救援设备赶赴现场。

海军工程大学、中船708所、大连海事大学、国家气象中心等单位的船舶制造、海工设备、气象水文专家也陆续赶到。

在距离沉船位置下游100m左右的地方,由广州军区某部的一些冲锋舟分散在下游1000m左右的区域,对从船上飘下来的一些杂物或者遇难者遗体进行甄别。在不远处,大概1000m左右的地方,舟桥部队架设的浮桥起到阻挡作用。

6月4日22时40分,陆军第41集团军某舟桥团240人携110台舟桥装备抵达客船翻沉地对岸码头,采取预先结构、同步作业、批次推送的方式架设浮桥,首批汽艇漕渡的3个门桥阵列全速向沉船点下游500m处开进。由于夜晚江面视野受限,浮桥连接难度加大,指挥员用哨音指挥汽艇靠拢,用旗语指挥操作手投锚稳定门桥。

与此同时,舟桥团官兵迅速在岸边构筑码头,采用河中门桥连接、岸侧张钢架设等方法,紧张有序地展开行动。利用17艘汽艇迅速将一节节门桥牵引进入桥轴线,6月5日3时29分,一座宽8.8m、长200m、载重50t的重型浮桥架设完成。舟桥部队横跨长江成功架设了救援通道。

三、给生者以温暖,给逝者以尊严

几天来,对生命的期盼,将所有人的心紧紧连在一起。

"救人,决不放弃!"再恶劣的条件,也挡不住抢救生命的脚步。

6月2日12时52分,在水下浸泡十多个小时后,海军工程大学潜水员官东在船舱里发现了朱红美。

"江水很冷,刺得头皮发疼。水也很浑浊,几乎什么都看不清,水里面到处漂浮着被子、脸盆等各种杂物,稍不小心就撞到舱壁,好不容易才爬进船舱。"官东事后说。

他把自己的潜水头盔给了朱红美,自己只留了一个呼吸器,同另一名潜水员一前一后护着朱红美安全脱险。

当天下午,官东再次潜入水中救出船舶加油工陈书涵,并在水底将自己的呼吸装备摘下让给被救者。自己出水后,双眼通红、鼻孔流血、耳朵胀痛,满头油污。

海军现场副总指挥董焱说:"我们一直对舱内、舱外及周边区域进行地毯式搜索,不漏掉一个舱位,不漏掉一个人。在船舱分布示意图上,每一个被摸排过的房间都会被打上一个勾,确保没有遗漏。"

150km,220km……事件发生后,有关部门出动大量搜救船舶,动员沿江群众,在下游水域拉网式搜寻,不断扩大打捞救援范围,12人在水上获救。目前,搜寻范围自长江中游事发水域扩大至上海吴淞口。

作为最早进入现场的第一批部队,湖北省军区某舟桥旅自6月2日以来连续奋战了7天6夜。该旅共出动官兵300多名。2日一早接到命令,20min内先发部队集结完毕出发,3h抵达现场后,迅速结合漕渡门桥。门桥结合好就是一条大船,作业平台大,机动灵活,对于渡送人员、物资和装备,方便快捷。除了2个单元的漕渡门桥,该旅还出动了汽艇5艘,冲锋舟18艘,运输车71台。门桥结合完成后,该旅官兵担负了任务较重的搜救、打捞、转送、转运任务,年轻战士表现积极,交出了合格答卷。

18时50分,"东方之星"客船整体打捞出水,舟桥旅官兵进入舱体内搜寻遇难者。"一个一个房间排查,确保不遗漏任何物品!"在后期排查搜寻清理工作中,该旅100多名官兵继续对船体进行最全面的搜救和清理。除船体本身的固定部件外,所有的桌椅板凳等物品全部被拆除清理。船上500多张床铺、100多间房间,很多柜子、架子等物品,官兵们采取拉网式清理,一点一点推进,一间一间排查。20h内,官兵们清理遗物1500余件,杂物200余吨。

6月9日上午,官兵们决定撤离监利,县城里不少民众闻声赶来相送。救援官兵感动得流下眼泪,感慨地说:"这几天不少热心人士为我们送餐送水,感谢他们!养兵千日用兵一时,作为人民子弟兵,为人民服务义不容辞,有需要,我们就一定能顶得上!"

第七章　渡河桥梁装备在反恐维稳行动中的运用

反恐维稳行动是指武装力量依法打击各类恐怖组织与处置恐怖袭击事件和在社会发生骚乱、动乱、暴乱时依法维护正常秩序的非战争军事行动。

《中华人民共和国反恐怖主义法》明确，我国反恐维稳主要路径之一就是严密防范与严厉打击相结合，实行防范为主的法治化反恐。伊拉克、土耳其、索马里、尼日利亚等国家都曾经采取过国内战争的方式打击恐怖势力，在行动规模上，俄罗斯的第二次车臣战争最为典型。还有一些跨境在邻国打击本国恐怖势力、跨境打击邻国的国际恐怖势力以及海外打击国际恐怖势力等行动，其行动方式上都是采取大规模军事行动达到反恐目的。

渡河桥梁装备是为保障地面武装力量快速克服江河、峡谷、弹坑等障碍而架设的临时性装备，装备本身具备快速机动的可移动性和快速投入使用快架快撤的能力。渡河桥梁装备根据行动任务需要既可单独架设，也可混合使用，还可用于反恐维稳行动地域内原有公路桥梁的加强与抢修；军用渡河桥梁装备与民用保障装备相比较，具有机动性强、互换性好、架撤速度快、作业人员少等特点。能够有效地保障地面武装力量实施快速机动、修复被恐怖分子破坏的交通设施，使得反恐维稳行动中，特别是城市作战时，能够充分利用周围资源和环境、减少自然环境或人工设施对武装力量作战行动能力的影响，便于发挥地面机动力量在各种非战争军事行动中的重要作用。

第一节　任务与环境

桥梁、渡口作为交通线上的重要枢纽，其战时的应急保障具有重要的军事意义，主要在于机动工程保障与反机动工程保障。在制乱平暴、反恐维稳等行动状态下，桥梁、渡口不仅本身容易遭受毁坏，造成重大的经济损失，而且作为地面交通的重要枢纽，其遭到破坏后往往会阻滞机动部队、武装力量、应急救援、行政管理等力量、物资通过铁路、公路和水路进入事发(反恐维稳作战)地域。因而,围绕桥梁、渡口等基础设施及公共交通的保障,研究快速侦察、抢修技术,在短时间内恢复地面机动通行能力具有重要的政治意义和社会经济价值。

2001年"9·11"事件后,各国都十分重视提高武装力量的反恐维稳能力,行动中保障地面武装力量机动与破坏或制止敌人(暴恐分子)的反机动能力就是重中之重。大力发展各型渡河桥梁装备器材,组建新型适应性部(分)队,逐步增强地面武装力量自身的渡河越障机动能力,以利于连续克服江河障碍,保障反恐维稳战场机动主动权,全面掌控反恐维稳战场态势,是提高渡河桥梁装备机动工程保障战场环境适应性应突出的重点。

一、任务

(一)道路桥梁交通保障

反恐维稳行动中遇到道路、桥梁受损时,需要渡河桥梁装备予以抢通。敌对势力很可能以各种方式和手段对我某些重要道路和交通枢纽进行袭击或破坏,为保障维稳力量快速到达任务地区,渡河桥梁工程保障力量必须快速反应,果断采取措施对开进路线上的重要桥梁、渡口、隧道和交叉路口等予以保障。当遇到障碍物拦阻或者开进道路、桥梁被破坏时,可以利用渡河桥梁装备抢修损毁的道路、桥梁设施,确保任务部队以最快的速度按时到达指定地域。

(二)保障维稳力量快速部署

反恐维稳行动具有突然性,要求所有参战力量必须做到快速反应、快速机动、快速展开、快速到位,迅速投入行动。反恐维稳行动保障要适应任务点多、面广、流动性大的特点,与维稳行动整体紧密结合,做到边行动边保障。根据行动需要,充分发挥渡河桥梁装备准备时间短、保障能力强的优势,随时根据封控、拦截等行动需要,在机动路线上架设桥梁或浮桥,必要时也可以采用门桥渡送的方法,保障反恐维稳力量快速部署到位。反恐突击分队需要快速迂回时,在江河湖泊附近也可以利用轻型渡河器材出其不意地直接将其通过水上通道渡送至任务区域。

二、环境

(一)社会环境复杂

反恐维稳行动保障环境多样性特征明显。恐怖活动随时随地都可能发生,历史上曾经发生的恐怖事件,无论是美国"9·11"事件还是莫斯科"10·26"人质事件,都很难有效地预测恐怖活动发生的时间、地点。恐怖活动虽然具有地域的不确定性,但是恐怖组织的据点通常较为固定,往往会以固定的地域作为其"基地"从事恐怖活动。因此,反恐维稳行动首先要铲除国内的极端组织,使其失去寄生繁衍的土壤。

此外,由于恐怖活动具有跨国性,国际恐怖组织分散于世界的各个角落,各国联手施行反恐合作是也客观必然的要求,反恐维稳行动也与整个国际社会密切相关。打掉国际恐怖主义、极端宗教势力、民族分裂主义三股恶势力的栖身地,只有各国联合起来才有可能。而反恐维稳行动一般都发生在易引起国内国际媒体舆论和政治舆论关注的敏感地点,在利用渡河桥梁装备遂行反恐维稳行动保障任务时,同样也要注意舆论环境的影响。

(二)地理环境多样

恐怖组织藏身的地域通常海拔高、地形复杂,多民族杂居、便于隐蔽,气候条件恶劣,也可能位于建筑物比较密集的居民地。我国西北边境地区,地形复杂,气候变化快,人类生存条件差,恶劣的自然条件和特殊的生存环境,对执行反恐维稳任务的官兵提出了挑战。要完成任务,就必须具备能够适应各种复杂自然环境的能力。渡河桥梁装备在高原、高寒地区使用时,其技术性能也会受到一定的影响。

第二节 运用时机

渡河桥梁装备器材是反恐维稳人员、车辆和技术兵器等设施设备,利用制式装备克服障碍保障机动的重要平台。渡河桥梁装备器材既可跨越无水障碍(如弹坑、干沟和峡谷),也可克服江河障碍;另外,渡河装备还可采用门桥漕渡的方法,以强渡(不连续)的方式将武装力量渡送至指定地区或有利地域。反恐维稳力量进行小股侦察、迂回偷渡、水下潜渡等行动时,可利用轻型渡河器材保障。

一、交通管制、封控管控、围追堵截时

在对事发地周边的商业广场、火车站、机场、汽车站、重点基础设施、政府办公大楼、武警消防驻地、新闻媒体中心等实施重点防卫和警戒时,封控分队应迅速在事发地周边的主要交通路口开展封控部署,设置关卡,严控事态进一步恶化和蔓延。在封控机动途中,遇到影响机动的障碍物时,也可灵活使用渡河桥梁装备予以保障。

二、实施地面包围行动时

执行反恐维稳任务部队,根据定下的决心方案,从地面对恐怖分子营地实施地面包围时,主要从道路、河谷、河流实施机动,达到对恐怖分子营地实施多路合围的目的,需要利用渡河桥梁装备克服天然障碍,快速进入敌纵深,切断敌退路,达成对恐怖分子包围的目的。

三、参加联合反恐维稳行动时

参加国际联合反恐维稳行动,行动环境复杂多样。联合反恐维稳行动多发生在边境地区人烟稀少的沙漠戈壁、远离城市的村镇,自然环境的特殊性、艰苦性和地形的复杂性,给机动工程保障工作带来了很大的难度。遇到难以通行的道路、桥梁或河流时,需要利用渡河桥梁装备实施快速保障。根据渡河桥梁装备的性能和使用要求,可以采取伴随、跟进、预设等多种保障形式。不仅有属地保障,还有异地保障;既有独立保障,也可能有联合保障。

第三节 方法与编组

在反恐维稳行动中,渡河桥梁装备主要用于封控行动,修复损毁的道路、桥梁,快速克服机动途中的江河、沟渠等障碍,保障反恐维稳力量迅速到达任务地区。或者根据反恐维稳任务的需要采用门桥或轻型渡河器材,克服江河湖泊障碍,把突击力量隐蔽渡送至指定位置。

一、方法

(一)架设桥梁或浮桥

当恐怖分子制造的障碍影响反恐力量行动时,应迅速利用渡河桥梁装备,

积极抢修被破坏的道路、桥梁,保障反恐部队行动。根据反恐维稳力量通行需要和渡河桥梁装备编配情况,50m以上的河流可以利用舟桥器材快速保障,可以采取架设浮桥的方法进行保障。利用舟桥装备快速架设的特点,将结合好的桥节门桥(长桥节门桥),按编号顺序逐次引入桥轴线进行架设浮桥。可采用一岸架设、两岸架设和分段架设三种形式。

河幅小于150m、流速小于1.0m/s,架设点在无浅滩、暗礁的江河上时,可采用旋转架设法。对于沟渠等障碍以及50m以下的河流,也可利用桥梁装备行进间架设的特点,采取冲击桥后伴随桥快速保障,或利用装配式公路钢桥、机械化桥和支援桥,架设桥梁保障反恐部队机动,确保作战力量掌握行动的主动权,顺利实施各项行动。

(二)利用门桥或轻型渡河器材渡送

当反恐维稳力量进行目标夺控、围捕或迂回分割等行动时,可利用轻型渡河器材,渡送突击力量隐蔽接近目标,达成行动的突然性。为增强边境封控防御力量,或在距边境一定纵深内需要对民族分裂和暴乱事件进行平息时,利用门桥或轻型渡河器材快速克服江河等障碍,可以达成行动的突然性和隐蔽性。

门桥及轻型渡河器材使用方便,橡皮舟等器材可以人工携带搬运,使用便捷、灵活,在保障反恐力量就近使用、快速形成封控之势、果断达成分割企图等行动中能够发挥十分重要的作用。

二、编组

渡河桥梁装备遂行反恐维稳行动时的编组,与使用的装备类型和任务需求有直接关系,通常情况下的编组主要包括以下4种形式。

(一)架设与抢修桥梁

架设与抢修桥梁,通常编组指挥组、侦察排障分队、进出路构筑分队、架设作业分队、警戒勤务分队和保障分队。

(1)指挥组。指挥组由桥梁分队指挥员、通信员等组成。其主要负责组织指挥整体行动及与上级联系。

(2)侦察排障分队。侦察排障分队的任务是负责对架桥点的敌情、地形实施侦察,选择具体架桥位置,标示进出路;排除架桥点附近的障碍物和桥位上游漂浮物。

(3)进出路构筑分队。进出路构筑分队的任务是负责构筑我岸及对岸接近路、进出路。

(4)架设作业分队。架设作业分队的任务是负责架桥作业。可根据架设的制式桥梁类型和具体装备数量灵活编配,除每台桥车配1名驾驶员外,通常重型机械化桥作业分队再编7人,重型支援桥作业分队再编6人,山地伴随桥分队再编3人。架设作业人员按各自作业位置进行任务区分,主要任务为架设制式桥梁。

(5)警戒勤务分队。警戒勤务分队的任务是负责警戒、警卫和掩护。

(6)保障分队。保障分队的任务是负责抢修车辆、机械及桥梁器材的保障,必要时协助其他分队进行作业。

(二)架设浮桥

架设浮桥通常由舟桥分队在上级编成内独立担任,或者以舟桥分队为主,加强一定数量的其他兵种分队、民兵分队担任。除指挥员外,通常编组侦察警戒分队、障碍排除分队、浮桥架设分队、工程构筑分队、器材保障分队和渡场勤务分队。

(1)侦察警戒分队。侦察警戒分队负责江河工程侦察以及敌情的观察与警戒。

(2)障碍排除分队。障碍排除分队负责排除渡场内的障碍物、漂流物。

(3)浮桥架设分队。浮桥架构分队负责构筑器材泛水场地、架设与分解浮桥。

(4)工程构筑分队。工程构筑分队负责构筑渡场接近路、进出路,构筑渡场指挥所、渡河检查站、救护打捞站、器材集结场等设施的构筑。

(5)器材保障分队。器材保障分队负责渡河器材的领取、筹集、加工、运输和装备保障。

(6)渡场勤务分队。渡场勤务分队负责观测水情变化、警备调整和对落水人员、器材的救护与打捞等。

(三)门桥漕渡

门桥漕渡的人员主要由门桥长、门桥作业手、汽艇操作手、码头(岸边)作业手和警戒人员组成。其主要编组门桥班、码头班、动力班和警戒组。

(1)门桥班。每个门桥设门桥长1名,作业手若干名,包括钩篙手(设置三角木)、连接手(负责门桥与码头之间的连接或者设置跳板)、锚钢系留手(负责门桥的固定)等。根据使用舟桥器材型号以及应用门桥种类等情况,可相应调整门桥班人员数量及作业分工。其主要负责门桥的靠、离码头和装卸载作业。

(2)码头班。码头班包括连接手、钩篙手等。其主要负责门桥与码头之间的连接。采用门桥直接靠岸时,负责门桥与岸边的固定。

(3)动力班。每部汽艇设作业手2名,包括驾驶员和副驾驶各1名。其主要负责门桥与汽艇的连接和水中漕行。利用自行舟桥器材渡送时不编设动力班。

(4)警戒组。两岸和上下游各设1组。两岸警戒组各2或3人,主要负责我岸和对岸的警戒;上下游警戒组每组2人,第1名为驾驶员,第2名为警戒员。其主要渡口负责上、下游的警戒。

(四)轻型渡河器材渡送

采取轻型渡河器材渡送时,通常编组侦察与障碍排除分队、渡河作业分队、渡场勤务与保障分队。必要时编组警戒掩护分队。

(1)侦察与障碍排除分队。侦察与障碍排除分队负责侦察、排除渡场内的障碍物。

(2)渡河作业分队。渡河作业分队负责冲锋舟(橡皮舟)泛水、结构轻型门桥或者架设轻便器材浮桥,保障任务分队渡河。

(3)渡场勤务与保障分队。渡场勤务与保障分队负责设置候渡地区、渡河检查站标志和设备;筹集、加工、运输就便器材和装备抢修;调整和引导部(分)队渡河。

(4)警戒掩护分队。警戒掩护分队负责观察、通报敌情,掩护渡河作业分队的行动。

第四节 组织实施

一、行动准备

受领任务后,应重点对保障行动目的、任务、环境条件等进行分析,充分理解任务,使机动保障行动不偏离方向,更加符合上级意图。

(一)理解、传达任务

受领任务后,指挥员应对任务进行充分理解,合理安排工作,精确计算时间,对各项工作进行统筹计划,合理确定各项工作的内容和完成时限。及时召开作战部署会,明确相关任务;布置工作的同时,应规定完成工作的时限,明确分工。迅速展开物资器材的装载;明确开进路线及路上各突发情况的处置,信(记)号规定;明确作业地点、撤离的路线等。

(二)分析判断情况

在充分理解任务的基础上,指挥员对已掌握的敌情、我情、战场环境等情况信息进行分析、研究。根据反恐维稳任务行动的特点,主要分析判断保障路线上敌火力可能的封锁、威胁;道路、桥梁、渡口的破坏程度;可能的袭扰和设置障碍物的地段及对行动的影响;敌自杀袭击、恐怖爆炸物对架桥点的威胁程度和对架桥作业的影响;敌可能渗透的方向和路线;劫持的人质等信息,综合分析本分队的兵力、军政素质和专业特长;装备、车辆、器材的状况;各种保障能力;友邻可能提供的支援;保障路线沿途可供利用的人力、物力等状况。

另外,还需考虑相关地形,保障路线沿途特点,天然防护、伪装条件,沿途的就便材料及可利用程度,江河、沟渠、水库等情况对行动的影响,以及天候、天气、季节对执行任务的影响。联合指挥机构要根据反恐维稳力量机动所需保障的地域、规模、兵力,快速确定机动保障方案,渡河桥梁分队应根据任务情况,主动探明保障需求,提前预判使用装备数量、种类,指挥所属人员及装备迅速到达作业地域,迅速展开架设行动,确保反恐维稳力量快速通过障碍区域到达封控、围剿现场,实现预定作战企图。

(三)定下决心

在理解任务、判断情况的基础上,首先拟制初步决心,而后组织实施现地勘察,定下决心。定下决心应当广泛听取其他指挥员的建议;条件许可时,还可制订多种预案,优选最佳战斗方案;时间紧迫时,指挥员应当机立断,迅速定下决心,并根据决心制订战斗计划。

(四)下达战斗命令,组织协同和保障

决心待上级批复后,指挥员应立即下达战斗命令。时间紧迫时,可不待上级批复,迅速以口头方式下达非正式战斗命令,以便所属分队尽早展开战斗准备。上级协同指示、本级战斗决心和战斗计划,周密制订协同和保障方案,组织本级的协同和保障。

二、行动实施

（一）开进与展开

作业分队完成战斗准备后,指挥员应当明确开进和展开的路线、序列,开进和到达作业点的时间等;严密组织开进和展开行动,果断处置各种情况。果断判明沿途发生的或可能发生的情况及对机动的威胁,当遇到暴徒武力袭击或者迫不得已时,应予以坚决还击,强行处置。到达作业现场后,指挥员应立即指挥各分队按场地布置展开,抓紧进行作业前的各项准备,确保按时实施作业。

（二）作业实施

指挥员应当严密组织协同,不断检查作业进度和质量,适时调整兵力、器材;抓好器材保障、装备修理和战场救护等工作;及时果断处置战斗中出现的各种情况。指挥员应根据江河条件和使用的渡河桥梁装备类型,组织架设桥梁或浮桥作业。作业中指挥员应抓住关键,搞好协同,按装备的技术要求及架设作业的规范动作组织实施。把握好行动的关键,指挥员应果断指挥、灵活机智地处置情况。在作业过程中,严格技术要求和动作规范,发现问题及时处置,并向上级报告。

夜间作业时,应加强工程侦察和各种保障;周密组织协同动作,规定简明的联络信号、识别记号;对器材仔细检查,分类放置;善于使用夜视、照明器材及桥车专用夜间架设灯具、设备,严格灯火、音响管制。

第五节　相关保障

为保障安全、快速、顺利地完成遂行任务,指挥员在下达战斗命令、组织协同后,应根据上级的保障指示、决心中确定的各项保障措施等,全面、周密地组织各项保障;其主要包括战斗保障、后勤保障和装备技术保障。

一、组织战斗保障

战斗保障是防止敌人的突然袭击,保障作业分队顺利完成任务而采取的重要措施。战斗保障主要包括以下内容:

(一)情报信息保障

要全面掌握反恐维稳行动中的信息,实时动态了解现实情况,必须建立军地一体的信息共享机制。获取情报信息时,要统一计划组织,专业力量与其他力量相结合,综合运用多种方式和手段,及时、准确和不间断。行动中应明确观察员(哨)的位置、任务,报警的方法及警报信号;警戒的兵力编成和任务,警戒分队应对特殊情况的行动方案和给予支援的方法;联络方法和识别信(记)号等。对临时发生的重大情况,要及时通报部队。行动时,要不间断从地方相关部门获取最新动态,详细掌握任务地区的新情况、新动态。

(二)警戒防卫

反恐维稳行动时,情况复杂,环境多样。要加强与上级、友邻警戒分队的协同,及时发现敌人的袭击和威胁,制止敌人的侦察、破坏行动和抗击敌人的袭击,保障分队的安全和掩护分队行动。对恐怖袭击核、化学、生物武器及次生核化危害的防护;应建立严密的观察和警戒报知勤务,规定警报信号和报知方法;明确防护器材的配发和使用规定,做好消防准备;规定在受染地段作业时应采取的防护措施和作业方法;明确遭敌袭击时的行动方法和袭击后应采取的措施等。

(三)通信联络

通信联络必须迅速、准确、保密、不间断。应按照全面组织、确保重点的原则,合理区分和使用建制、配属的通信人员及器材,并注意采取多种通信手段,确保通信联络畅通。通信联络遭破坏时,应当综合运用各种手段迅速恢复,并充分发挥运动、光和简易信号通信的作用。

二、组织后勤保障

反恐维稳行动时,后勤保障情况复杂,各种意外情况随时可能发生,必须坚持预案与实际相结合的原则,预判可能发生的各种意外情况,及时采取对策,精确确定需求,快速灵活实施各种保障。

(一)物资器材保障

物资器材补给,应当根据物资消耗和战场情况,分清主次缓急,优先保障重点,适时、适地、适量地灵活实施。物资器材保障采取计划补充和紧急补充相结合,以计划补充为主;前送补充和领取补充相结合,以领取补充为主;定点保障和跟进保障相结合,以定点保障为主的方式,适时、适地、适量地实施保障行动。必要时,还可采取分队之间相互调剂补充的方法。组织实施补充,还应当根据战斗任务、道路交通情况和战场环境情况,灵活运用多种手段和方法进行。

(二)给养油料保障

战场环境的不同,必须有针对性地做好野战食品、主副食、饮用水、日用品的保障。要严密监控食品安全,随时抽查食品、饮水质量。

通常在战斗任务前后和战斗间隙等时机,在集结地域、待机地域、作业地区和调整部署组织的临时集合地区组织油料加注,分连(排)进行巡回加油,以保证油料不间断供应。

(三)卫勤运输保障

遂行反恐维稳任务时,要根据战场卫生条件,及时组织各分队采取卫生防疫措施,协同有关部门,改善作业场地的生活环境,加强卫生管理,防止疫病发生和蔓延。采取专业救护力量抢救与群众性自救互救相结合的方法,就近救治,快抢快救,优先抢救危重和急需处置的伤病员。伤病员后送,通常采取逐级前接与梯次后送相结合的方法,有条件时应当积极组织力量越级后送;综合运用多种输送工具,并充分利用回程运力,必要时可申请直升机后送;加强后送中的护理;传染病员应当单独后送。

组织运输保障时,注意控制预备运力,并充分利用回程运力,提高运输保障能力。灵活运用多种运输手段,采取接力、直达、联运等方法实施,优先保障主要物资的运输。

三、组织装备技术保障

反恐维稳行动中,渡河桥梁装备不能高效、持续作业,势必对整个行动的顺利进行产生极大的不利影响,甚至影响整个反恐维稳行动的成败,必须采取各种措施,确保出现故障的装备和器材能够在最短的时间内重新投入使用。组织保障时,应明确上级装备技术保障机构的位置,对本单位的保障方法;装备技术保障组的编成、位置、任务及保障方法;器材维修保养、桥梁器材损坏后的抢修等。组织好装备技术保障工作,必须提前对各种突发情况所需的装备保障力量进行区分,分析渡河桥梁装备的环境适应性,预测突发情况对装备可能造成的危害,及时确定行动装备技术保障预案。装备技术保障在关键时候或特定阶段都将成为促成或保证我军(警)有效完成反恐维稳使命的重要前提。

第六节　典型案例

2000年8月25日,11名驻塞拉利昂英军维和士兵和1名向导在弗里敦以东约72km的马西亚卡和法罗杜古附近巡逻时,突然被塞拉利昂叛军组织"西部男孩"恐怖团伙所劫持。

英国政府在通过和平谈判解决危机失败后,毅然决定使用武力营救被劫持士兵。英国特种空勤团突击分队经过周密部署和反复训练后,于9月10日6时分两路同时向"西部男孩"恐怖组织的南北两个营地发动突袭,不到半个小时便控制了整个营区,成功地营救了被扣押人质。在整个战斗中,英国特种空勤团突击分队仅1人阵亡,而叛军则有27人被击毙,18人被俘,其中包括"西部男孩"恐怖组织首领。

一、基本情况

2000年5月,塞拉利昂反政府组织"联合解放阵线"试图以武力推翻政府,该国局势骤然紧张。为维护政局的稳定,联合国向塞拉利昂派遣了维和部队。

然而,令人意想不到的是,维和部队进驻后屡遭袭击,先后共有500余名负责监督双方停战的联合国维和官兵遭到叛军的扣押。为确保外交人员及侨民的安全,英国政府决定开始从驻塞拉利昂使馆撤离部分工作人员,并呼吁在塞拉利昂的英国侨民尽快离开。

经国会批准,英军于7月向塞拉利昂派遣了一支联合特遣部队,该部队主要负责保护和协助英国侨民撤离塞拉利昂。这支联合部队主要由英军空降兵部队的800名士兵组成,装备有"支奴干"大型运输直升机。此外,英国皇家海军还派出了由 2 艘战舰和 3 艘补给船组成的特混舰队参与支援。经过 3 天紧张有序的工作后,英国政府宣布撤侨任务基本完成,绝大部分侨民已经被空运离开塞拉利昂首都弗里敦。除此之外,特遣部队还成功地救出 233 名被叛军包围的联合国维和官兵。由于英军特遣部队极大地打击了反政府武装的气焰,对稳定塞拉利昂混乱的形势起到了很大作用,联合国秘书长安南致信英国首相布莱尔,要求英国政府从维护地区稳定和人道主义的角度出发,将该部队留下来继续帮助维持这一地区局势的稳定,并着手装备、训练塞拉利昂政府军,以抵御反叛力量的攻击。英国外交大臣库克表示,为了联合国维和行动的顺利进行,英国军队不得不承担更多任务。他说,联合特遣部队在完成塞拉利昂的撤侨任务后暂不撤离,直至联合国维和部队完全实现对这一地区的有效控制。

英国政府的这一举措激怒了反政府叛军,一场精心策划的报复行动悄然而至。8 月 25 日,参加维和任务的英国皇家爱尔兰军团巡逻队的 11 名英军士兵和 1 名政府向导去往塞拉利昂执行任务的途中,在弗里敦以东大约 72km 的马西亚卡和法罗杜古附近的小镇失踪。失踪的英军士兵都是实战经验丰富的空降兵。在经过多方确认后,英国国防部宣布是塞拉利昂一个自称为"西部男孩"的恐怖组织蓄意绑架了英军士兵和当地向导,同时还抢走了 3 辆越野车。

二、主要作战过程

绑架事件发生后,英国政府极为震惊,联合国当即对这一恐怖行动表示强烈谴责。英国政府和军方为确保人质的安全,决定通过和平途径解决危机。英军陆军上校福德姆和叛军领袖卡洛伊上校于 8 月 28 日进行了长达 5h 的谈判,以求通过和平方式来解救被扣士兵。"西部男孩"恐怖组织要求以人质换取所需的粮食和药品,释放被塞拉利昂政府关押的叛军领袖。由于此要求涉及塞拉利昂复杂的内政,不属于英军维和部队的职责范围,谈判以失败而告终。

谈判失败后,英国政府和军方立即着手准备实施武装营救。英军总参谋长查尔斯·古思里上将事后在接受媒体采访时称,谈判陷入僵局后,英国国防部对人质面临的形势进行了评估。由于人质被扣押已达数周,健康状况不断恶化,且叛军不时提出让英国政府根本无法满足的要求,并威胁要处死英军官兵,英军官兵的生命安全越来越无法得到保障。为此,英军总参谋部决定以武力营救被扣人质。

部署在叛军驻地附近的英军部队侦察到人质被关押在"西部男孩"的驻地。

"西部男孩"组织共有两个营地,分别设在"罗克尔溪"两岸,中间隔着一条300m宽的水面,地形非常复杂,南北两岸营地周围遍布丛林、沼泽、泥滩和荆棘丛。其中,北岸营地是"西部男孩"的总部,也是人质关押地,驻有约60名武装人员,南岸营地驻有50人左右,装备有重机枪等武器,附近丛林地带的临时驻地有200名左右的武装人员。因此,突击队不能只对北岸营地发动攻击而不顾及南岸营地,最佳的行动方案是对河的南、北两岸营地同时发起攻击。8月30日,英国国防部将详细的作战方案提交给正在纽约参加首脑会议的布莱尔首相,布莱尔首相当即批准了作战方案,并且责成外交部通报塞拉利昂政府和联合国。

8月31日,"西部男孩"突然宣布释放5名英国士兵,并将他们送回塞拉利昂首都弗里敦。但叛军组织仍拒绝释放其余的6名英军士兵。为保障营救取得成功,英国国防部将专门从事营救人质和特种作战的英军第22特别空勤团秘密调往塞拉利昂。为防止引起"西部男孩"的警觉,英国国防部谎称此次的增兵行动只是例行部队调动,与"西部男孩"劫持英国士兵事件无关。

第22特别空勤团属英军特种兵部队,是以骁勇善战而在国际上享有盛誉的一支杰出反恐部队。特别空勤组建于1941年,成立这支部队的目的是破坏轴心国的通信和运输线。一年后,这支部队已扩编至390人,被命名为第5特别空勤团。1945年,第二次世界大战结束后,第5特别空勤团被解散。两年后,英国又重新组建属于本土军的第21特别空勤团,1951年12月改称第22特别空勤团。1972年7月德国慕尼黑奥运会恐怖事件后,英国政府为对付北爱尔兰的恐怖活动及国内日益增多的暴力事件,决定筹建一支专门打击恐怖主义势力的反恐部队,这项艰巨的任务自然而然地落在第22特别空勤团肩上。

9月10日6时整,由英军第22特别空勤团155名特种兵组成的突击队及4架"支奴干"大型武装直升机和2架"小羚羊"直升机在弗里敦以东30km的秘密基地集结完毕。与此同时,附近的英国皇家海军陆战队队员也都做好了随时增援的准备。突击队分成两组,其中一组负责攻击南部营区,另一组则主要对北部营区发起进攻,由于北部营区的叛军火力较强,因而突击队的主要力量也都集中在北区。考虑叛军可能进行相互支援,英军救援指挥部决定,南北两线的突击行动一定要同时开始。"支奴干"大型直升机主要负责运送突击队员,而"小羚羊"武装直升机则主要负责提供火力支援。

9月10日6时30分,南北两支突击部队均已飞抵指定攻击地域,"小羚羊"武装直升机使用火箭弹摧毁了对方的重机枪阵地,"西部男孩"叛军的机枪手们还在睡梦中就被击毙,突击队员迅速包围了他们的营地,并向关押人质的地方发动猛攻。看守人质的叛军分子被这突如其来的打击惊呆了,还没来得及杀害人质便束手就擒,突击队不到半个小时便控制了整个营区,成功解救了被扣押的6名士兵和1名向导,搭乘直升机迅速撤离。在南部营区,由于受到叛军士兵的顽强抵抗,战斗持续了约70min后,突击队安全撤回。

整个战斗中,突击队共击毙叛军27人,俘虏8人,其中包括"西部男孩"首领凯利准将。突击队虽有1名士兵阵亡、11人受伤,但英国国防部和军事分析家们认为此次行动是成功的,第22特别空勤团再一次赢得了国际社会的广泛赞誉。

三、经验教训

这是一次十分成功的反恐作战行动,由于计划周密,行动隐蔽,打击突然,英方以较小代价解救出被扣人质。由于此次行动旨在解救人质,主要采取特种分队空中袭击的方式,任务完成后迅速撤离,没有把对恐怖组织实施打击作为行动重点,也没有组织地面作战力量配合,因此对道路机动保障方面没有要求。其成功之处主要是:

(一)计划周密

由于叛军驻地分散,驻地附近地形复杂,并装备有火力很强的武器,给营救人质行动带来很大困难。英国突击队经过周密计划,采取最佳行动方案,由"支奴干"大型直升机负责运送突击队员,"小羚羊"武装直升机则主要为突击队员提供火力支援,英国皇家海军陆战队员也做好了随时增援的准备,英国突击队员分成两队同时对叛军营地发动攻击。由于计划周密,英国突击队员不到半个小时就控制了扣押人质的整个营区,成功解救出6名士兵和1名向导。

(二)行动隐蔽

由于叛军拒绝释放6名英军士兵,英方便秘密将专门从事营救人质和特种作战的英军第22特别空勤团调往塞拉利昂,为防止引起叛军警觉,英国国防部谎称这一行动是例行部队调动,与劫持人质事件无关,使叛军疏于防范。

（三）打击突然

为达成作战行动的突然性，营救行动选择在早晨。营救行动发起前，英国突击队员已秘密集结完毕，由于河北岸叛军火力较强，而且关押着人质，突击队将主力集中在北区。攻击开始后，南北两支突击队在武装直升机空中火力的掩护下，突然对河两岸叛军营地同时发动攻击，叛军还来不及反应就束手就擒或被击毙。

第八章 渡河桥梁装备在国际维和行动中的运用

联合国维持和平行动(U. N. Peace – Keeping Activities)是在联合国安理会授权下通过非武力方式,帮助冲突各方维持并恢复和平的一种行动。从2020年9月18日我国首次发布的《中国军队参加联合国维和行动30年》白皮书中可以看到,30年来,我国共派出维和部队超过4万人次,其中,工程兵维和部队人数达到总数的3/4以上,工程兵在国际维和行动中共新建和修复道路1.7万多千米,抢修抢建桥梁300多座,排除地雷及各类未爆炸物1.4万多枚,是中国蓝盔部队的绝对主干力量。本章主要以工程兵部(分)队参与国际维和行动为背景研究渡河桥梁装备的相关运用情况。

第一节 任务与环境

联合国自1948年首次部署维和行动以来,至今已经实施了数十项维和行动,大多是在经济不发达且战乱频发的国家和地区进行的。除了基于中立立场对当地的安全局势进行必要监督和控制,还要基于人道主义立场为当地社会发展及民众生产生活提供必要援助,同时还要做好维和机构自身的安全防护。由于维和任务区安全形势复杂、经济发展落后、自然条件恶劣,维和行动的开展往往充满危险与艰辛。

一、任务

工程兵部(分)队参加联合国维和行动的任务一般由联合国维持和平行动部与我国政府协商确定,并以《谅解备忘录》《出兵国指南》等文件形式加以明确。工程兵在执行维和行动过程中,必须以这些文件为依据,正确受领和执行任务。通常包括以下6项:

（一）工程侦察任务

情报信息是工程兵部（分）队遂行工程保障任务的必要基础，缺乏情报信息的支持，工程保障任务将难以完成。就维和任务而言，情报信息主要包括任务区的地形、地质、天候、水文、基础设施、人居环境、社会局势等内容，由于维和任务国通常自然条件恶劣、生态环境复杂、生产力水平低下、政治治理混乱，很难通过当地政府或社会的既有渠道获取翔实可靠的数据资料，只能通过接受维和战区通报、向上级索取有关信息、派出工程侦察分队、向友邻维和分队及当地民众了解情况等方式来进行。其中，最主要的方式是依托维和部队自身组织的工程侦察行动来搜集任务所需的情报信息。工程侦察通常由维和部队所属的维和战区工兵管理机构下达任务，由工程兵部（分）队牵头组织实施。实施前，应向维和战区司令部提出侦察申请，得到允许后方可展开。负责工程侦察的分队应根据实际情况进行合理编组，包括指挥员、作战参谋、工程师、翻译、侦察作业人员及必要的保障人员，同时还需吸纳战区工兵机构文职人员、参谋军官、战区保护分队、当地雇员等共同参加。

（二）构筑与维护道路和桥梁任务

维和任务国通常生产力发展水平严重滞后，基础设施建设薄弱，交通网络很不完善，即使在受殖民统治期间建设了一定规模的陆上道路，往往也由于长期战乱和年久失修而导致路况非常差，路网通行经常处于濒临瘫痪的状态。例如，刚果（金）国土面积广阔，但可利用的公路非常缺少，陆地公路仅有三条主要公路干线，都集中在边境局部地区，包括金沙萨到西边的马塔迪、经戈马到东北方向的布卡武、卡南加经卢本马西到卢萨卡往南，但铺筑较好的路段较少，实际铺筑的公路仅有2500km左右，不到整个国内道路里程的1/6，且都是简单构筑，路况极差。各省会城市到乡镇几乎都是经过简单修筑的乡村路，乡村之间通常是自然形成的土路，路况差，路面窄，且高地起伏度大，遇到雨天更是泥泞不堪，无法通行。路上桥梁基本上都是木制简单桥梁，通行能力差。维和部队需经常性对任务区原有道路、桥梁、涵洞进行抢修和维护，包括构筑急造军路和利用贝雷桥等制式装备克服各种河流沟渠。

（三）修建与维护营地任务

由于联合国维和组织需要在维和任务国执行多样化任务，因而设置了政治、军事、民事警察、司法、内务、人权、儿童保护、公共信息和支援组织等多种机构。作为维和组织中的核心工程建设力量,工程兵维和部队需要承担大量房屋和场地的修建与维护任务,以便为这些机构提供足够的工作和生活设施保障。例如,我军赴原苏丹维和工程兵大队,通过三个批次官兵的努力,历时近三年,在原苏丹瓦乌地区建成了功能齐备、安全便利的维和战区司令部常备营区,为维和行动奠定了坚实的基础。工程兵维和部队通常可通过以下方式进行营区建设:一是利用现有设施。这是一种效率较高的作业方式,适用于营区所在区域具备一定基础条件的情况。可以根据建设需求,对现场已有的房屋及配套设施进行有针对性的修缮与改造,包括场地的平整,排水、排污设施的修复,外围防御工事的构筑等。二是修建临时营地。临时营地通常用于短期任务,采用简易设施进行构筑。营地位置一般选择在地势较为开阔,安全威胁较小、机动疏散较为便利的地点。营区内的住房以帐篷为主,配合必要的进出路和防御工事。三是修建常备营区。常备营区的营址通常由战区司令部和待部署维和部队根据战区维和任务共同确定,主体建筑结构以固定的集装箱板房为宜,同时包括经过硬化处理的营区路网、较为完善的水电管以及安全性较高的防护设施等,并对营区进行明确的功能区域划分。建设前,需由工程兵部(分)队对营址进行详细勘察,根据周边地形、地质及环境信息进行建设方案的拟制,确定质量控制、进度计划、施工方法和保障需求等事项,并上报维和战区司令部,待核准后,方可展开建设。

(四)构筑和维护机场或直升机起降场任务

由于维和行动任务多样且复杂,需要大量的各类物资、装备、设备、器材的不间断保障,加之人员流动频繁,故需要较为强大的运输投送能力进行支撑。而如前文所述,维和任务国的陆路运输系统可靠性差、威胁性大,因此,联合国维和行动对空中运输的依赖性较强,大量的物资、装(设)备、器材、人员等,都需要通过空运进行流转。从目前情况看,维和任务国普遍缺乏符合运营标准的机场,如南苏丹全国大小机场共13个,只有首都的朱巴机场是唯一的国际机场,可以用于起降宽体飞机,其他机场基本只有1或2条未经硬化处理的土质跑道,其中延比奥机场跑道仅1km长,伦拜克机场也只有一条1.33km长的跑道。因此,维和部队要承担大量的机场建设维护任务,包括为联合国航空兵分队构筑直升机起降场或简易机场,以及维护任务国现有机场。

(五)实施给水保障任务

维和任务国根据所处地理位置不同,水资源情况也不尽相同。例如,靠近撒哈拉沙漠的南苏丹,干燥炎热,水资源极其匮乏,而储水量在非洲国家居首的刚果(金),储水总量占非洲总量的40%、世界的13%,但分布不均匀,基本集中在刚果河流域和东部边界的阿尔伯特湖、爱德华湖、基伍湖、坦噶尼喀湖和姆韦鲁湖等及其支流。水资源的匮乏以及分布不均衡,都严重制约着联合国维和行动。为保障各项维和任务的顺利实施,联合国维和机构赋予了工程兵部(分)队实施给水保障的重要职责,即是按联合国规定的用水量标准和饮用水水质标准,向维和部队及相关机构提供人员饮食、卫生用水,技术兵器、车辆、机械的冷却、洗涤、洗消用水等,具体任务主要包括确定水源调查、开设野战给水站、组织运水和供水等。就一个任务区而言,工程兵维和部队通常构筑1或2个给水站,以满足日常用水需求。

(六)排除爆炸物及销毁枪支弹药任务

进行爆炸物排除也是维和部队的职责之一,其目标主要是排除任务区内由于常年战乱而积累下来的各种规模的雷场,以及处置各类未爆弹药。这些爆炸物对维和部队和当地居民的生命安全是巨大威胁,必须予以清除,如在地中海东岸绵延120km的黎以边境"蓝线"地域,埋藏着大量的地雷和未爆弹,是世人公认的"死亡禁区"。自2006年组建以来,我国赴黎巴嫩维和工程兵维和部队已在该区域成功发现并清除了地雷及爆炸物近万枚。此外,联合国把自愿解除非法武装、收集和销毁武器弹药作为维和行动计划的一部分,这项任务是解除武装、复员、转业培训和重返社会(Disarmament Demobilization Rehabilitation and Reintegration,DDRR)行动的重要组成部分。该项任务通常也是由工程兵部(分)队来负责的,主要是收缴当地武装的枪支、弹药并进行销毁,销毁通常采取机械碾压和爆破破坏的方式。

二、环境

工程兵维和部队孤悬海外执行维和任务,所处环境极其复杂,既要面临来自外部的各种有形或无形的威胁,也要处理来自维和机构内部的各种沟通协调甚至权益纷争,必须时刻保持高度警惕和审慎。

(一) 外部环境

外部环境主要包括自然环境和安全环境两种。

1. 自然环境

联合国维和行动任务区绝大多数集中在亚洲、非洲的极不发达国家和地区,这些任务区通常气候恶劣,生活条件艰苦,对维和人员的生活和工作影响很大。例如,非洲维和任务区的热带气候环境,常年高温酷暑,极易造成中暑甚至休克死亡。有些任务区丛林密布,各种毒虫、蛇类频繁出没,有的任务区沼泽遍布,携带疟原虫的按蚊等有害生物大量滋生,还有的任务区艾滋病、黄热病、埃博拉等恶性疾病在人群中广泛传播,对于工程兵维和部队都是巨大的威胁。

2. 安全环境

维和任务国通常是由于当地政治局势动荡、安全局势失控、社会秩序混乱,才会引发国际社会关注,从而由联合国派遣维和机构进驻进行援助。虽然联合国安理会在确定维和项目前,通常已与当地冲突各方达成协议或谅解,但冲突地区各武装派别由于民族、宗教、风俗、历史、派系等因素,经常不遵守承诺而重燃战火,导致战乱区冲突不断、枪支和爆炸物泛滥,给工程兵部队维和行动带来极大风险。

(二) 内部环境

联合国没有编配专门的维和部队,驻任务国维和机构都只是临时性机构。虽然以《联合国宪章》为共识制定了一系列专门针对维和机构的机制和规章,但由于维和机构下属的各维和部(分)队来自不同的出兵国,政治、军事、社会、经济、科技、文化背景千差万别,故在维和机构的机制运行和工作协调上仍然存在很大困难。特别是西方一些国家出于意识形态偏见,会利用一些规则漏洞或工作纠纷刻意制造事端。对于工程兵维和部队而言,在履行好自身职责的同时,如何在制度框架内与维和机构内各方妥善协调沟通,也是必须高度关注的问题。

第二节 运用时机

从维和部队所承担的具体职责来看,渡河桥梁装备的运用时机主要集中在实施工程侦察、构筑与维护道路桥梁以及实施给水保障等几项任务。适时运用渡河桥梁装备,充分发挥装备技术优势,有助于维和部队更加高效地遂行保障任务,缩短作业时间,减少人力支出,降低在陌生复杂环境中作业的遇险概率。

一、实施工程侦察时

对于水资源较为丰富的维和任务国,或侦察地域包含大量水域面积的情况下,维和部队在实施工程侦察时,需充分考虑侦察地域的地质水文特点,因地制宜选用合适的渡河桥梁装备。一般来说,执行此类任务时,运用较多的是冲锋舟、橡皮舟等渡河装备,其运用时机可分为机动和侦察两种。一是机动,即采用水路运输的方式,将冲锋舟、橡皮舟直接作为侦察行动的交通工具,主要运用于专门针对水域的特定侦察行动。二是侦察,即抵达水域侦察点后再展开装备,下水实施侦察。侦察地域安全环境较为复杂时,应尽量采用较为灵活快速的冲锋舟,必要时还可对舟体进行适当改装,增加防护设施,提高安全性。在河道密布交错、水中浮生植被较多的情况下,则适宜采用桨划橡皮舟,便于在狭小空间内展开精细化侦察和搜索。

二、构筑与维护道路、桥梁时

构筑与维护道路、桥梁,是维和部队的主体任务,也是需要重点运用渡河桥梁装备的任务类型。一般可以区分为三种情况。一是构筑与维护道路。维和任务国由于战乱破坏、社会动荡、经济落后、气候恶劣等因素的影响,路网中会出现很多极端路况,此时,充分发挥制式桥梁装备的特点,选择针对性的架桥方案,可以有效克服障碍,快速恢复道路通行。例如,路面因战乱和洪涝等自然灾害破坏,出现了连续的路基崩塌路段,难以利用工程机械直接克服,则可以视情架设机械化桥,若机械化桥的桥脚位置高度受限或基底不坚实,则可以采用机械配合人工的方式进行必要修整,或利用编织袋装土加固。又如,雨季造成道路出现了松软泥泞路段,当淤泥深度达到50cm以上,采用制式路面或就便器材难以克服时,可以采用直接将山地伴随桥架设在泥泞路段顶面的方式进行处置。二是构筑与维护桥梁。由于维和工程保障行动所针对的桥梁主要是当地原有的民桥,完成作业后的桥梁需要留在原地长期使用,适宜利用拼装式的贝雷桥。根据原桥受损情况,可以利用贝雷桥桁架片对受损的原有桥梁进行必要加固,架设"桥上桥",也可以在原桥附近选择合适跨河点直接架设贝雷桥,作业完毕后,可将贝雷桥构件留在原地,定期维护,保障长期通行。三是其他特殊情况。该情况主要是指在构筑和维护道路、桥梁过程中,由于现地条件的限制,需要使用渡河桥梁装备的时机与场合。例如,在对临水道路进行多点平行抢通时,可以利用门桥漕渡的方式绕过当前障碍,向后续作业点转运装备、物资、器材等。

三、实施给水保障时

维和部队遂行给水保障时,通常以专业给水装备为主,渡河桥梁装备一般发挥辅助性作用。例如,在开设给水站过程中,需要构筑进出路,由于给水站距离水源地较近,可能出现河渠沟坎较多的情况,则可以根据障碍宽度架设 1～5 跨制式机械化桥。又如,水源地岸边地形情况复杂,下河坡道过于泥泞,容易造成车辆打滑,不便于野战给水站开设,则可以铺设机械化路面等渡河装备,提高下河坡道的通行能力。

第三节　方法与编组

维和部队遂行的各项工程保障任务,不同于一般的军事行动,是在联合国维和机制框架下特殊的非战争军事行动,具有高度的政策性、复杂性和敏感性。必须在深入研究和准确把握维和相关规则的基础上,统筹协调好维护自身安全和遂行保障任务之间的关系,采用适应维和规则和任务特点的行动方法及编组,创造性地开展工作。

一、方法

对维和部队而言,展开维和保障行动,既关乎任务完成,也关乎国际形象,必须针对维和工作的特点,总结梳理出一套适应性强、可操作性强的行动方法。

（一）多点展开,平行作业

多点展开,平行作业是指各作业编组,在不同作业面上或同时抢修多座桥梁时,综合运用多种作业手段,任务分工平行展开兵力、器材,对桥梁进行抢修与加强的作业方法。此方法通常适用在人员、机具较多,作业面容量较大的情况下。采用这种方法,各作业班(组)间的相互制约因素较少,能充分发挥各作业班(组)的综合作业能力,提高工程作业质量和效率。维和分队在构筑与维护道路行动作业过程中,一般情况下敌情因素影响较小。在兵力、机械、材料充足的情况下,如果地形条件满足要求,尽可能采取平行作业的方法,以提高作业效率。

(二)定点分段,机动巡回

定点分段保障是指对原有道路上重要的工程目标或重要的路段部署专业分队驻点维护、抢修,随坏随修的行动方法。该行动方法适用于对重要的点状目标实施维护、抢修,其任务单一,行动游动性小,专业性强,行动方案可预先拟订,各项准备充分。

机动巡回保障是指在所保障的原有道路上,编组一至数个作业分队,分别在各段内实施不间断巡回作业的行动方法。该行动方法适用于原有道路路线长、兵力机械充足的情况,其兵力容易展开,作业迅速,行动的流动性大,便于就近采集加工各种就便器材。

(三)交替展开,连续作业

"交替展开,连续作业"是指各作业编组,对同一座桥梁进行抢修与加强时,由于作业场地狭小或受其他条件制约而采用的一种作业方法。这种方法,各作业班(组)任务专一,但相互制约较多,各班(组)必须在计划时间内保质保量完成任务,为下一作业提供良好条件;另外,此方法作业准备时间相对较长,抢修与加强桥梁的总时间可能延长,因此,指挥员必须严密组织,指挥突击完成各个单项作业,保证在短时间内完成加强与抢修任务。

二、编组

工程兵维和部队的编组按照层级可分为主体编组和作业编组两种。其中,主体编组主要是针对工程兵维和部队整体架构而言的,是一种相对宏观的编组,也是在维和任务全周期内工程兵维和部队相对固定的编组形式。作业编组主要是在执行专项工程保障任务时,根据任务的作业要求和技术标准,对参与作业的分队兵力进行的临时性编组。

(一)指挥编组

工程兵维和部队应针对任务区安全形势、维和任务需求、联合国规章及维和行动运行机制等因素,在国内筹组和集训阶段就先期做好人员抽组和编组工作。一般来说,按照国际惯例和我军传统,通常纵向上构建指挥组、中队、排、班4级,横向上可灵活编组道路桥梁、建筑安装、支援保障等专业分队。根据任务的实际需求,可编设指挥组、大队机关、中队等机构,其中指挥组包括大队长、政委、参谋长和总工程师各1人,机关下设翻译组、军事组、政工组、装备组和后勤保障组,三个中队分别为道桥中队(一中队、二中队)和建筑安装中队(三中队)。该编组形式较好契合了任务实际需求,有效提升了指挥和作业效率。

当工程兵维和部队受领到一些较为特殊的任务,如作业点远离常驻营区时,则应对主体编组进行必要调整,以适应任务需要。通常可以采用组建分遣队的形式,由分遣队赴异地进行定点作业,完成任务后返回归建。分遣队指挥机构通常由1名指挥员负责,编配必要的参谋、翻译及工勤人员,所需的分队人员根据任务实际进行抽组。抽组时,可视情采用建制编组和混合编组两种方式。建制编组是指以一个分队的骨干力量为主体,其他分队选取成建制的排或班配属,此编组便于统一指挥和加强人员管理。混合编组是指打乱建制,抽调骨干力量混合编成,此编组主要用于执行技术性较强的工程保障任务,如垂直建筑、服务设施安装、供电线路敷设维护等任务。

(二)作业编组

工程兵维和部队在受领到具体工程保障任务后,应围绕任务需要进行有针对性的人员抽组,重点挑选专业对口、技能过硬、作风扎实的官兵,结合遂行任务的行动方案和技术方法对抽组的人员进行作业编组,力争通过人员的合理化配置,实现作业效率的最大化。作业编组的具体形式应根据任务实际灵活调整。完成任务后,作业编组即可撤销,人员归建至原有主体编组。根据具体任务,可编成道路作业分队、桥梁作业分队、保障分队和警戒分队。

第四节 组织实施

工程兵维和部队组织实施维和行动是一项整体性、系统性的复杂工作,必须遵循一定的程序和步骤,其主要程序按照时间递进关系,可分为维和行动待命、组建维和部队、维和行动训练、维和输送行动、遂行任务行动、完成任务回撤等阶段。本节主要围绕遂行任务行动这一阶段,对渡河桥梁装备的运用情况进行探讨。在该阶段,工程兵维和部队将具体承担实施工程侦察、构筑与维护道路和桥梁、修建与维护营地、构筑和维护机场或直升机起降场、实施给水保障、排除爆炸物与销毁枪支弹药等任务,其中,渡河桥梁装备在实施工程侦察、构筑与维护道路和桥梁、实施给水保障三项任务中的运用较为集中,本节主要围绕这三项任务进行探讨。

一、工程侦察任务的组织实施

在维和任务区实施工程侦察与一般条件下作战工程保障行动相比,作业主体、保障对象、外部环境都存在较大差异,应从任务地实际出发,因地制宜、因时制宜展开工程侦察行动。

（一）基本程序

1. 侦察准备

（1）拟制侦察计划。实施维和工程侦察,通常由维和任务区战区司令部工兵处下达命令,也可由工程兵维和部队指挥机构根据任务和其他情况,自行确定工程侦察路线、主要任务、方法和时间。确定根据上级下达的任务,分析研究任务区地形图及其他相关资料,绘制侦察路线要图,拟制侦察计划,确定联络和协同方式等。

（2）作业编组。侦察分队由工程侦察专业人员和外语翻译、警戒勤务等相关保障人员组成,通常情况下编成工程侦察组、警戒组、保障组,分队长由有经验的军官担任,通常是专业分队的分队长。其主要装备侦排、测绘、观察、照相、通信等器材,并携带任务区地形图、急救药品等。必要时可编排障组,配备排障和运输工具,主要任务是排除前出路线上和目标附近的障碍。若安全形势顾虑较大,必须申请战区司令部提供安全警卫部队,人数在10~20人。

（3）准备器材。准备器材要注意携带以下物品:防弹头盔、防弹背心、枪、弹等防护战斗装具,望远镜、地图、笔、本、照相机、录像机、皮尺、卷尺、指北针、坡度计、手水准仪、电台、电话、对讲机等指挥、观察、记录器材。另外,应根据侦察任务需要携带食品、野战宿营等物品,克服泥泞路时的救援器材,如锹、镐、钢丝绳等。

侦察出发前,指挥员应检查分队人员对侦察任务和方案的熟悉情况,检查车辆、侦察器材技战术情况,检查武器弹药、粮秣等各种物资是否齐全,确保各项准备工作落实到位。

2. 侦察实施

向侦察地域开进可视情采用乘直升机或乘车等机动方式,当现地条件较为特殊、水域面积较大时,也可利用橡皮舟、冲锋舟等渡河装备进行水上机动和侦察。需要利用直升机进行机动时,需提前向联合国维和战区司令部工兵处申请。向侦察地域机动途中应加强观察,灵活应对可能发生的各种情况,确保侦察分队安全到达侦察区域。工程侦察的时间通常选择在视线较好的白天,路线通常选择在靠近目标、主要维护道路、安全有保障的路线上。

到达侦察地域后,应首先对照地图判明现地基本情况,根据需要展开乘车或徒步侦察。必要时,也可直接乘直升机从空中进行侦察,空中侦察时应注意与抵近侦察相结合,确保能够精确测量目标相关数据,充分发挥空中侦察直观、立体、整体性强的优势。

陆上侦察可以采用集中侦察和分散侦察两种方式。集中侦察主要针对作业时间比较充裕、侦察地域范围不大、侦察目标相对集中的情况,组织时将侦察分队全体人员、车辆、装备进行集中使用,按照预定计划和路线逐段向前组织侦察,接近预定目标时,应预先派出警戒,做好应对突发情况的准备,而后迅速分工作业,对目标实施全面细致的侦察,准确掌握所需要的工程数据并做好相关记录。分散侦察主要针对作业时间有限、侦察地域范围较大、侦察目标较为分散的情况,组织时可根据目标的基本情况,将人员、车辆和装备进行临时编组,明确返回时间、集合地点、通联方式等要求,由各临时编组平行展开,同时对多个目标实施侦察。需要注意的是,侦察过程中,要把握时间节点,注重作业细节,采用科学合理的作业方案,尽可能提高侦察效率。当周边安全局势不明朗、安全隐患较多时,应以集中侦察为主,尽量避免组织分散侦察。

侦察分队完成侦察任务后,指挥员应现场收集、整理侦察资料,清点人员和器材,组织分队按既定路线返回。

3. 拟制报告

工程侦察完成后,应及时将侦察所获得的资料以文字附要图的形式形成报告,文字部分应包括侦察获取的目标具体位置、状况、破坏程度、保障方案以及所需装备器材等,将有关情况注记在图幅的适当位置上,对需要进行改善或抢修的目标,提出明确的改善或抢修方案,并用图示标出,编号加注说明。报告力求简洁、准确、翔实,完成后,及时上报战区司令部工兵处。

(二)渡河桥梁装备在工程侦察任务中的运用

当工程侦察行动在水域面积较大的范围内展开、不便于采用空中或陆上侦察的方式时,为更准确地掌握现地数据,可以使用适合的渡河桥梁装备进行水上侦察。

1. 适用装备

根据工程兵维和部队的装备编配实际,采用大型制式舟桥装备进行水域工程侦察的保障难度较大,可考虑利用轻便器材组织实施。轻便渡河器材主要包括各种橡皮舟、冲锋舟等,冲锋舟由于自重过大,不适于远距离运输和搬运,故在组织水域工程侦察时,选用更便于随车携行的橡皮舟较为适宜。常用的橡皮舟包括浮筒橡皮舟、侦察橡皮舟等,其中浮筒橡皮舟自重48kg,最大载重量1000kg,可搭乘人数12人;侦察橡皮舟自重30kg,最大载重420kg,可搭载人数5人。采用橡皮舟进行工程侦察时,有条件的情况下,可结合操舟机使用,以提高机动速度和作业效率,最大满载航速可达250m/min,条件受限时,也可采用人力划桨操舟的方式。

2. 作业方法

1)浮筒橡皮舟

(1)连接。浮筒橡皮舟连接应在充气前进行,并从舟尾开始对准连接。先把包布接头与下面的扣环连接,再与上面的扣环连接。在内侧小浮筒充足气之前,应认真检查下面的扣环连接是否正确,且包布不能有皱褶。外侧小浮筒上的包布应翻卷到小浮筒上,并用尼龙带子固定。

(2)充气。充气应按下列顺序进行:外侧小浮筒→大浮筒尾气室→大浮筒中气室→大浮筒首气室→内侧小浮筒。充气时,将胶管接头拧到气门上,左旋全开或半开气门(单向活门起作用)即可充气。充气压力不仅关系到浮筒舟的浮力和刚度,而且关系到连接接头的可靠性、水密性以及操舟机的功率能否充分发挥。充气压力通常达到用拇指按压主体胶布略呈弹性即可。通常大浮筒中气室、尾气室及内侧小浮筒的气压可以比其他部位略高。

(3)安装挂机板。在大浮筒尾气室充气之前应将挂机板插入挂机板座中。当尾气室充气至基本鼓起时,将挂机板固定绳分别拉紧用活结固定到各自的挂机板耳环上。然后,继续充气至使用气压。固定好的挂机板应垂直或稍向前倾。

(4)泛水及挂机。充好气的浮筒橡皮舟可由2或3名作业手抬至水边泛水。搬运过程中禁止舟底面在地面拖拉;泛水后可将舟尾朝向岸边并系留,或由1名作业手持系留绳手扶舟尾,待把操舟机在挂机板上安装稳妥后,再旋转使舟首朝向岸边系留。

(5)上舟及离岸。乘员需从两侧小浮筒上舟,严禁从舟首中间上舟。乘员上舟后应尽量在舟的直线段对称坐下。离岸时,系留手轻推舟离开,并迅速上舟,并将系留绳收回,整理好放在舟首,防止系留绳缠绕在操舟机的螺旋桨上。

(6)航行。水上航行时,舟首乘员应注意观察水面情况,并及时反馈给操舟机操作手。如遇较大波浪,应顶浪低速航行,禁止沿着波浪传播方向航行。在暴晒的情况下,舟表面应泼水冷却,并注意适当放气(稍许拧开气门,手指按单向活门)。

(7)靠岸。通常采取逆流缓慢靠岸。在水深允许的情况下,在全部乘员下舟前操舟机应急速运转,待橡皮舟靠岸并系留稳固后,乘员逐次踏两侧小浮筒登岸。

2)侦察橡皮舟

从运输车中搬出舟和附件,在清洁平整处把舟打开,把阀装好,把龙骨放正,在舟体一侧地面,将舟底板按顺序排列好,按固定位置拼装舟体,安装舟首底板、充气。舟底板安装完成后,先给舷筒充气,由舟尾至舟首,但不要一次充到工作压力 24kPa。待各气室分别充气后(约为工作压力的 1/3),再补气到工作压力。快速充气时,先将高压气瓶与充气连接管进气端连接固定,将充气连接管充气端与进气嘴连接固定,然后打开高压气瓶开关,完成后关闭气瓶开关,将充气连接管与进气嘴分开,最后按照相同的方法将其余气室充满。

泛水、挂舟、航行的作业方式与浮筒橡皮舟基本一致。

二、构筑与维护道路和桥梁任务的组织实施

根据我国与联合国签署的《谅解备忘录》的有关内容,结合维和任务的特点,工程兵维和部队在任务区一般不予新建干线或支线道路,主要是对原有道路、桥梁、附属设施等进行抢修与维护,特殊情况下可视情抢建迂回路。

(一)基本程序

1. 作业准备

(1)确定作业编组。工程兵维和部队遂行构筑与维护道路和桥梁任务时,根据需要可编为侦察排障组、道路保障分队、桥梁抢修分队、综合保障组、警戒掩护组等,编组人数根据任务规模合理确定,各组人员分别从各专业中队挑选,并视情加强一定数量的通信、卫生、翻译等保障人员。侦察排障组主要由工程侦察人员、爆破作业手等组成,负责对保障路线实施工程侦察、标示行进路线以及排除行进路线上的障碍物,并及时将侦察结果和作业情况报告指挥员;道路保障分队由道路专业分队人员编成,负责对原有道路进行抢修和维护;桥梁

抢修分队由桥梁专业分队人员编成,负责抢修与加固原有桥梁;综合保障组由机械修理、通信、卫勤等专业人员组成,负责请领、采集、加工和发送各种器材,抢救、后送伤员,抢修工程装备和车辆,必要时协助进行工程作业;警戒掩护组由其他专业分队人员编成,负责行动时的警戒、掩护以及维持作业现场秩序。

(2)进行装备编配。装备编配应以任务实际以及作业编组为基本依据,以工程兵维和部队的现有编制装备为主,部分未编制的特型装备可视情通过维和战区司令部协调保障。其中,侦察排障组主要配备运输工具、侦察测量器材、爆破扫雷(排弹)器材、通信器材以及轻武器等,道路保障分队主要配备推土机、挖掘机、装载机、平路机、自卸车、运输车、路面构件、土木工具、爆破器材和通信器材等,桥梁抢修分队主要配备侦察测量器材、推土机、挖掘机、装载机、自卸车、运输车、制式桥梁器材、土木工具、爆破器材和通信器材等,综合保障组主要配备工程修理车、运输车、救护车以及各种修理加工工具、通信器材等。警戒掩护组由其他专业分队人员编成,配备一定数量的轻武器、运输车和通信器材等。

(3)进行物资准备。遂行构筑与维护道路和桥梁任务所需要的物资主要包括两方面。一是施工所需的辅助工具及耗材。对于这类物资,在行动展开前,工程兵维和部队应根据施工计划和技术方案整理出物资保障清单,明确物资的种类、数量、标准等,并将清单及时上报维和战区司令部,按程序进行请领,对于施工完成后需归还的工具,应重点做好登记、统计,并安排专人使用和保管。二是构筑与抢修道路所需的土方及木材等。维和任务区虽然武装派别林立、战乱频发,但多数仍是被联合国承认的主权国家,土地和森林属于其国有资产,擅动土地和森林会被视为对主权的严重侵犯。因此,施工展开前,必须通过维和战区司令部与当地政府协调,确定取土点、伐木点的位置和作业要求后,方可按照协调后的方案进行作业,绝对避免随意就地取材的现象。

2. 作业实施

工程兵维和部队在遂行构筑与维护道路和桥梁保障任务时,应根据任务实际和完成时限进行科学合理的施工方案设计。一是定点分段,同步保障,即对原有道路上重要工程目标或易发生塌方、堵塞和泥泞的道路枢纽以及易损坏的桥梁部署一定保障力量驻点分段抢修和维护。维和任务区道路大都年久失修,反复破坏严重,需修复地段点多面广,抢修和维和道路任务突发性强,时间紧迫。遂行道路、桥梁保障任务时,应根据保障区域内的道路、桥梁情况,确定保障重点和难点,适时编成若干个作业小分队,对已反复遭到破坏的路段实施驻点抢修和维护,实现对机动路线的全程同步保障,确保完成保障任务。二是先通后善,以通为主,即从应急角度出发,加快作业速度,先以低标准快速抢通道路,然后逐步完善道路及其附属设施,使通行能力完全恢复。采取"先通后善,以通为主"的方式,客观上是由当地的社会和自然条件所决定的。维和任务国大多交通基础设施落后,又因长年战乱而受到严重破坏,加上自然气候条件的影响,维和任务区内的道路、桥梁往往受损严重。工程兵维和部队接到任务后,要同时实现对机动线路的全线维护是很困难的。因此,必须结合任务实际,把握抢修维护的重点,首先确保机动路线的畅通,而后对其附属设施进行完善。

(二)渡河桥梁装备在构筑与维护道路和桥梁任务中的运用

在构筑与维护道路和桥梁任务中,适时、合理使用渡河桥梁装备,尤其是桥梁装备,可以极大提高作业效率,起到事半功倍的作用。

1. 适用装备

根据维和任务的特点及制式桥梁装备的实际,可以重点考虑使用伴随桥、机械化桥和装配式公路钢桥三种。

(1)伴随桥。全套器材由一辆桥车组成,采用平推式架设,展开后为含3个桥节的单跨桥。伴随桥机动性能好、作业人员少、地形适应性强,既可单独架设,也可与其他类型制式桥梁配合使用,适宜于松软泥泞路面障碍克服及原桥加固,可保障履带式荷载220kN、轮式轴压力100kN以下的轻型车辆和装备快速通过跨径20.5m以内的障碍。

(2)机械化桥。全套器材由5辆载有桥跨、桥脚构件的桥车组成,机械化程度高、架设速度快、通载稳定可靠、克服障碍宽度大,对于路面沉陷型障碍的克服较为适用,也可用于快速抢通江河、沟渠障碍等。桥脚伸缩高度为3.32~5m,可以保障履带式荷载500kN、轮式轴压力130kN以下的车辆和装备快速通过,5跨全部架设完成后克服障碍总长度达75m。

(3)装配式公路钢桥。装配式公路钢桥是由单销连接桁架单元作为桥跨结构主梁的下承式钢结构桁架桥,结构简单、拼接方便,构件具有互换性,根据不同荷载和跨径的变化,桁架组合可取10种相应的变化,包括单排单层、双排单层、三排单层、双排双层、三排双层5种组合以及上、下弦杆增设加强弦杆的形式。其广泛适用于破损桥梁抢修以及应急便桥架设,最大跨越能力可达69m,可保障履带式荷载500kN、轮式轴压力130kN以下的车辆和装备通行。

2. 作业实施

(1) 伴随桥。使用伴随桥克服松软泥泞障碍时,通常泥泞障碍深度较大,超过 50cm 甚至 1m,难以用其他制式路面器材或就便器材克服。此时,可以先根据现场地势情况选择合适位置挖排水沟,将淤泥路段表面的明水排出至路外,然后利用挖掘机对表层淤泥进行简单清理,提供一个相对平整的作业面,接下来在原地面上架设伴随桥,使桥跨直接落于泥泞路段之上,即可保障临时通行。架设前,应对作业场地进行侦察,确保障碍路段前段有不少于长 16m,宽 4m 的坚实架设场地,且道路原有纵坡不超过 10%,横坡不超过 5%。根据架桥需要对场地进行必要经始,标出作业起始线。

架设时,先将桥车倒至作业起始线,再解脱桥跨紧定索。按照升前支架→伸出移动架→伸支腿→升后支架→推出桥跨的作业步骤进行架设。架设完成后,底盘车驶离架桥点,利用系留装置对桥跨进行固定。应注意的是,当伴随桥在泥泞障碍中架设完成后,需撤收时,应先用水枪对桥跨进行冲洗,确保桥跨上不附着淤泥后,才能进行撤收作业,以避免对架桥机构造成损害。

(2) 机械化桥。当道路在冲突战乱和自然灾害中受损严重,出现连续的路基崩塌路段,且伴随有积水和淤泥,短时间内难以采用常规的机械换填作业法进行克服时,可以考虑采用架设机械化桥进行快速处置。由于机械化桥采用桥脚加桥跨的支撑方式,且桥脚高度可根据情况进行伸缩调节,故可以很好适应路表高差剧烈变化的特殊情况。作业时,应首先对场地进行清理和标定,标定出桥轴线和倒车线。当只需要架设单跨时,通常按照就位→桥车进入架桥位→取辅助器材→放稳定支腿→卸紧定具→顶起升降架→展开桥跨→松锁紧钩→放下桥跨→上桥面→放桥脚→横向调整→放桥端→设置桥脚→收平衡梁→收稳定支腿→移动桥车→收转臂→收升降架→撤离桥车→整理桥面→岸边设置的步骤实施。若需架设多跨,则应在架设时将定位器安放在前一桥跨的车辙内缘材上,桥车前、后轮保持一条直线,后轮抵紧定位器,桥脚未放至地面前应使车辙边缘对正标定的车辙边缘线。车辙架好后,车辙后端的端部挂钩链条应绕过冠材扣好,并按预定方案连接纵向系材。架设末跨前,应注意将末跨桥脚预先取下。

需要注意的是,当崩塌段高度略超过桥脚高度的调节范围时,可以视情采用机械或人工作业的方式对桥脚础板着地点进行挖低或垫高处理,使其符合桥脚正常作业高度。当崩塌段的高度远远超过桥脚高度的调节范围时,则只能考虑采用伴随桥或装配式公路钢桥进行克服。

(3)装配式公路钢桥。工程兵维和部队在遂行构筑与维护道路和桥梁任务的过程中,当出现原桥桥面严重受损、桥墩结构尚完整的情况,若短时间内难以保障预制桥面板进行抢修作业,可考虑采用装配式公路钢桥在原桥基础上直接架设"桥上桥"。当桥面和桥墩都严重受损时,为节省作业时间,也可在原桥附近选择合适地点直接架设装配式公路钢桥作为临时通道。架设方法包括悬臂推出法、浮运架设法、整孔吊装法、就地拼装法等。根据工程兵维和部队装备实力现状及任务特点,通常采用设备简单的悬臂推出法。架设时,一般按照平整场地→标定轴线→设置滚轴→拼装桁架→设置桥面系→推拉桥跨→桥跨座落→构筑桥础的步骤进行,以单排单层式为例,约需作业手40人。需要注意的是,当采用装配式公路钢桥对受损原桥进行桥上架桥时,应同时采用必要措施对原有桥墩进行临时支撑,确保作业安全。

三、给水保障任务的组织实施

维和行动中的给水保障,是在维和任务区为保障联合国维和部队及相关机构用水而采取的技术和组织措施。由于所处地理位置不同,各维和任务区水资源分布不均匀,有些地方水资源严重匮乏,如南苏丹瓦乌地区,靠近撒哈拉沙漠,常年高温干旱,属于极度缺水状态。作为为维和战区提供工程保障的专业分队,工程兵维和部队有可能担负部分给水保障任务。

(一)基本程序

1. 作业准备

(1)人员编组。工程兵维和部队在实施给水保障时,通常由建制内的专业保障分队相关人员编成给水保障队,根据任务需要加强一定数量的通信、卫生、翻译等保障人员。给水保障队通常情况下编成水源侦察组、汲水组、净化组、警戒掩护组等,各组人员的编成依据现有人员和任务情况而定。①水源侦察组,通常由给水技术员任组长,主要负责查明任务区水源位置、类型、水量、水质,查明保障地域的地形情况、地质条件、道路条件,了解作业地区可利用的给水设施、设备以及就便器材等情况,给水保障队指挥员通常随水源侦察组一同行动;②汲水组,由给水专业相关人员及操作手组成,必要时可以加强部分非给水专业人员,主要负责水资源的采集和运输,并视情况构筑给水站等取水构筑物;③净化组,由净水设备操作人员、防化专业人员、卫生专业人员等组成,主要负责对水资源进行检疫、检测以及净化处理;④警戒掩护组,主要负责全队行动时的警戒、掩护以及维持作业秩序。

（2）装备编配。给水保障队通常编配指挥车、水罐车、水源侦察车、钻井、泥浆泵、空压机、净水设备等给水专业装备器材。其中，水源侦察组编配水源侦察车及相关水源侦察器材，汲水组编配水罐车及钻井、泥浆泵、空压机等，净化组编配水样检疫、检测以及净化处理设备，警戒掩护组配备一定数量的轻武器、运输车和通信器材等。

2. 作业实施

工程兵维和部队在遂行给水保障任务时，应当以联合国相关用水标准为参照，充分考虑任务区水源分布实际，采用合理方式展开保障任务。一是就近取水，全面保障。在设立给水站时，尽可能靠近营地或用水单位，以"水质优良、水量充足、取水点近、安全可靠"为原则，以深水井为首选取水点，条件允许时也可选当地民用压水井，确保水质少受或不受人为污染，尽可能实现只经过简单净化就可直接饮用。取水构筑物应保持稳定、安全，具备一定防护能力。设在江河中的取水构筑物不能对河道原貌造成较大破坏，其取水口位置应设在水深、岸陡、泥沙量少的地方。选用河水时，取水口应设在河床稳定，靠主流一侧的岸边，应避开回流区和死水区。在支流汇入的河段，取水口应选在汇入口上游的深水区。选用水库水、湖水、池塘水时，取水口应选在出水口附近，远离泥沙淤积的死水区。取水构筑物要便于施工，不宜在坚硬的岩土上进行建造。二是分区供水，重点保障。分区供水即分区定点供水，是指根据维和任务区战区的编制，依据维和部队部署情况，将战区划分若干区域，定点构筑数个取水、净水配套设施，实现分区定点保障。重点保障即分层次重点供水，是指将用水量多少及对水质的要求，划分为装备和营区清洁用水、人员洗漱等日常生活用水、人员饮用水等多个层次，数量上重点保障装备和营区清洁等对水质要求不高但数量较多的用水，初步净化即可使用。在质量上重点保障饮用水，多次净化确保水质，防止疾病流行。

（二）渡河桥梁装备在给水保障任务中的运用

工程兵维和部队遂行给水保障任务时，经常需要在接近水源的地域作业，在取水、制水的同时，也会面临一些由水流冲刷或水体浸泡而形成的障碍。例如，从江河、湖泊中取水时，如果出现较为泥泞的下河坡道，则取水点就难以设置在岸边离水较近的地点，从而影响后续的取水作业。因此，工程兵维和部队应充分发挥装备特性，在面对不同类型的障碍时，选择具有针对性的渡河桥梁装备进行克服。

1. 适用装备

根据给水保障任务的特点和需求,结合工程兵维和部队装备编配实际,可将机械化路面装备作为遂行任务的主要装备之一,用途主要是克服各类水际岸滩上的泥泞障碍,为取水构筑物和取水点的设置提供必要支持。

机械化路面是一种可快速铺设、撤收并反复使用的制式路面器材,机动性能强、作业速度快、机械化程度高,主要用于在沙滩、泥泞、雪地、沼泽、岸滩等低承载能力的地段铺设临时路面,保障轮式或履带式装备顺利通行。根据装备型号的不同,机械化路面能够保障的路面宽度为 3.5~4m,单套器材可克服的障碍纵深为 16.2~40m,当障碍纵深较大时,可采用多套器材接续铺设的方式予以克服。

2. 作业实施

机械化路面在铺设前应对作业位置进行必要勘察,确保原地面纵坡不大于 15%,横坡不大于 5%,软土层或淤泥层深度不大于 0.5m。完成勘察后,应利用白灰等材料进行现地标定,确定第一块端路面板的位置,并在此基础上标定倒车基准线。标定时,应以第一块端路面板触地点为基准,第二根标杆设在左边 70cm 位置,第三根标杆设在第二块端路面板触地点左边 70cm 位置(距离第二根标杆 16m),第一根标杆设在距离第二根标杆 1m 位置,保持 3 根标杆在一条直线上。

铺设时,通常按照倒车就位→倒车→卸紧定具→回转卷筒支架至作业状态→引导路面板→随动铺设→解除钢索→收起引导架→回转卷筒支架至运输状态→路面车撤离→挂销换向→挂销安装→系留固定的顺序进行作业。作业过程中,应注意把握"一头一尾一中间"。"一头"是在铺设前应做好必要的准备工作,要将原地面上的较大尺寸石块清除,为路面车作业提供一个相对平整的下承层。"一尾"是指面铺设完成后应注意用系留钢索对路面板进行固定,防止通载后,由于路面板下方的软土层或淤泥层因承载力不够而导致路面板出现严重位移甚至损坏。"一中间"是指路面板展开铺设时应保持适当速度,避免过慢或过快。过慢会造成不必要的时间浪费;过快则有可能导致路面板出现涌叠,无法完成铺设,或强行铺设后造成装备损坏。

第五节　相关保障

工程兵维和部队在任务国复杂、陌生的环境下遂行给水保障任务,必须有强大的保障体系作支撑。应坚持从内、外两方面同时发力,既深入挖掘自我保障的潜力,也充分利用维和机制和规则与战区司令部及友邻部队加强沟通协调,拓宽保障渠道、提升保障厚度,不断夯实遂行任务过程中的综合保障能力。

一、装备、油料保障

装备是给水保障行动实施的关键所在。要从源头做好装备的编配、筹集和储备工作。从国内准备期就加强对任务形势和需求的研判,遴选专业针对性强、性能优越、状态良好的装备入列。就给水保障任务而言,既要编配各类专业给水装备,也要充分考虑作业中可能出现的各种障碍,有针对性地编配辅助作业的装备,如机械化路面、伴随桥等渡河桥梁装备。要做好各种重要零配件的定量储备,提高部署至任务区之后的装备自我保障能力。要结合任务区的道路状况、气候条件等因素,对装备进行有针对性的维护保养,及时检测维修,使其始终保持良好的工作状态。要注意装备使用安全,针对给水作业点环境复杂、机动道路状况差、气候变化无常的特点,规范装备操作程序,杜绝疲劳作业,并指定专人负责指挥,确保作业过程中的安全。要根据形势变化和任务进程做好装备需求的动态分析,梳理出缺口清单,能够自我保障的进行内部调配,无法自我保障的,应在维和运行机制框架内,及时向任务区、战区或友邻部队协调补充。要根据任务计划安排和实际需求,预先向战区司令部提交油料保障计划,便于其提前进行采购和储备。要明确作业过程中的油料保障方式,加大对外沟通协调力度,尽可能争取有利于我方安全和施工便利的保障方案。

二、通信保障

工程兵维和部队遂行给水保障任务时,作业编组多,作业点和人员分布相对分散,加之任务区内的复杂地形和安全威胁,对任务展开时的内部通联提出了很高要求,同时也是很现实的考验。要确保安全顺利完成任务,必须克服各种不利因素,实现"全天候、不间断、联得快、接得通"。要以维和通信规则为框架,以本队通信装备实力为基础,围绕具体任务需求,正确制订通信保障方案,建立清晰明了、可操作性强的通信手册。要灵活运用无线电通信、有线电通信和运动通信等多种方式,合理使用不同通信工具,加强各级之间、指挥机关与地处偏远的作业分队之间的互联互通。各作业编组主要依靠车载无线电台、单兵电台、对讲机、网络等通信工具进行通联,其中,对上的通信保障主要依赖大功率无线电台,执行任务过程中要保障全时开通,现场的内部通信保障主要依靠单兵电台、对讲机等通信工具。要充分借助维和机构在任务区的既有通信系统，条件允许时，也可考虑充分运用当地的民用通信设施，畅通与任务区、战区各级的通联。要严格落实通信保密规定，加强通信装备管理，尤其是在远离营区的作业点，更应提高警惕。

三、后勤保障

工程兵维和部队担负给水保障任务期间，远离常驻营区，劳动强度大，工作环境恶劣，生活条件艰苦，必须高度重视后勤保障工作，千方百计为参加作业的人员提供保质保量的食宿、卫勤等服务，确保任务全程思想稳定、干劲不减、实力不降。受领任务后，要及时做好前期的统筹规划，根据作业方案和进度安排详细测算临时营区建设、伙食补给、医疗药品、应急救治等方面的保障需求，并向维和战区司令部提交准确清晰、重点突出的保障计划，确保任务展开前各项保障路径完全打通。要以联合国规定的配给标准为底线，加强对外协调和对内挖潜，尽可能为作业人员创造更舒适、更安全的生活和工作环境。要从人员配置上向各驻外作业编组倾斜，将专业技术过硬的卫勤力量配备到各作业点，以有效应对各种突发情况。要根据应急预案，做好任务展开后各作业点上的食品、药品应急储备，确保足额足量，并根据时限要求定期更新。

四、安全防卫保障

工程兵维和部队执行维和任务，确保自身安全是首要原则，遂行给水保障任务时也不例外。展开任务前，应多方收集信息，准确判断作业地域安全形势，排查危险隐患，做好针对性准备。要合理利用规则，根据《谅解备忘录》的相关规定，及时向维和战区司令部或当地民事、警察部门申请安全保护力量，为机动途中和施工作业时提供必要的安全警戒。要立足自身加强防卫能力建设，强化安全教育，及时消除麻痹大意的思想，制订突发情况应急预案，并结合任务适时组织演练，提高快速反应能力。要健全各级组织，给水保障队要编配专门的警戒组，其他各作业编组内也应安排专人负责本组的安全警戒任务。要加强整体筹划，将工程作业方案与安全防卫方案通盘考虑，避免顾此失彼，确保任务展开全流程都有相应的安全保卫措施。

第六节　典型案例

刚果民主共和国,简称刚果(金),是一个资源丰富却贫穷落后的非洲中部国家。以小卡比拉为首的政府军和受卢旺达支持的刚果民主联盟武装及乌干达幕后操纵的刚果解放运动武装各控制全国 1/3 的地区,形成三派分治的局面。战乱频仍,人民生活困苦不堪。在联合国的协调下,刚果(金)各派于 2001 年全面停火,2003 年 6 月成立了临时中央过渡政府,由小卡比拉出任总统,各派代表参加,商定 2 年后举行全国大选。为争夺更大的利益,刚果(金)各武装力量之间经常发生军事冲突。

根据联合国 1279 号决议组建的联合国驻刚果(金)任务特派团,简称联刚团(the United Nations Mission in the Democratie Republie of Congo,MONUC),陆续进驻刚果(金)执行国际维和任务。中国维和部队于 2002 年 4 月进驻刚果(金)布卡武地区,隶属联刚团第五战区南基伍旅战斗序列执行维和任务。

由于乌维拉地区形势恶化,联合国驻刚果(金)任务特派团决定于 2005 年 2 月 25 日前由布卡武向乌维拉增派 1 个巴基斯坦战斗营,以对该地区的反政府武装力量采取进一步的收缴武器和遣散行动,更好地维持该地区的和平。2005 年元月中旬至 2 月初,刚果(金)东部地区乌维拉连降暴雨,连接南基伍省省会城市布卡武和该省第二大城市乌维拉的道路卡曼尤拉至乌维拉路段(在米通巴山边缘)遭山洪破坏,部分路段的路基大范围坍塌,严重影响了联合国驻该地区维和部队的机动和执行任务。该段道路地处卢旺达、布隆迪、刚果(金)三国交界处。卡曼尤拉距卢旺达边境只有 3km 左右,乌维拉距布隆迪也只有 4km。它是纵贯刚果(金)东部边境的战略要道,也是联合国维和部队在东部边境进行日常巡逻和机动的唯一一条道路。

2005 年 2 月 6 日,我维和部队正忙于抢修布卡武至卡乌姆机场的道路、构筑卡乌姆机场直升机停机坪以及修建乌拉圭江河连营地的施工任务,并打算在 2 月 8 日前结束修复布卡武至卡乌姆机场道路的任务,以便将大部分人员撤回,欢度祖国的传统节日——春节。2 月 6 日 17 时,指挥部接到南基伍旅司令部工兵科长塞伊德·M. 威尔中校指令,要求维和部队对卡曼尤拉至乌维拉道路段实施紧急抢修。

一、道路基本情况

(1)由"中国半岛"至卡曼尤拉道路长约 140km,道路平均宽约 8m,泥质路面,由布卡武北至卡曼尤拉均为盘山路,道路崎岖弯曲。全程仅有桥梁1座,为钢式贝雷桥,结构完好,可通行。有涵洞6处,均无损坏。全程虽能满足我分队装备通行需要,但由于道路路况差,我分队装备通过全程估计约需8h。

(2)由布卡武至卡曼尤拉途中有非政府武装驻地两处:一处距卡曼尤拉约30km,为"刚果民主联盟"解放派武装,约部署一个连的兵力;另一处距卡曼尤拉仅3km左右,为"马伊-马伊"派,其兵力规模同样在一个连左右。两派现虽归政府军管辖,但实属反政府武装派别。

(3)由卡曼尤拉至乌维拉道路长约50km。全程多为沥青路面,但有多段因年久失修和山洪侵蚀遭到破坏;全程共有桥梁6座,部分桥面轻微损坏,目前非政府组织正在组织人员对这些道路和桥梁进行修复与加强。

(4)距乌维拉约1000m处有一塌方路段,长23m,宽8m,深10m。路基为沙石土,路面因塌方损坏约4/5,车辆无法通行,路基下有一涵洞,为块石砌筑而成,宽0.8m、高约1m。涵洞部分已损坏。

(5)距乌维拉约20km处有一桥梁,梁式木板桥,长约25m,宽4m,距河底深约5m。桥面大部分损坏,原4根钢梁仅剩3根,人员可谨慎通行,车辆只能绕行。

(6)距乌维拉约40km(卡曼尤拉)处,有一坍塌路段,总长超过70m,宽度2m,道路中间有5mm裂缝2道;该侧道路已无法通行,道路另一侧车辆暂可通行。

(7)在卡曼尤拉南约1000m处,驻有联合国维和部队巴基斯坦战斗营2连。在乌维拉市区内,驻有巴基斯坦战斗营1、3连和乌拉圭江河连。

二、完成任务过程

受领此任务后,维和部队指挥员迅速通过电话向前方指挥所详细了解此次任务的情况和乌维拉地区的形势,并向旅司令部提出工程侦察的要求。同时,通过联合国在当地的专用局域网,查找了一些有关任务地区的安全、气象和水文等方面的信息。为掌握更详细的工程信息,指挥部确定由指挥长1人、副指挥长1人、作战参谋1人、工程师1人组成工程侦察组,并配备指挥车2台,1kW电台1部和测量观察器材,同时明确了侦察中需要重点解决的问题:

(1)布卡武至卡曼尤拉道路的通行能力、路况及桥梁的数量、结构和承载能力。

(2)沿途两侧的地形情况,武装派别的驻地、数量。

(3)卡曼尤拉至乌维拉道路遭破坏情况及可采取的工程措施。

(4)卡曼尤拉至乌维拉桥梁的数量、结构、尺寸及损坏情况。

(5)施工分队可能的驻地及周围的地形情况等。

侦察中,巴基斯坦战斗营2个班的兵力分乘2辆吉普车,担负侦察分队的前方警戒和后方警戒;作业分队2辆越野指挥车分别在第3、4位置前进;前方指挥所工兵科参谋本拉德少校、工程处文职人员雷德先生和当地临时雇员杰克·让乘坐越野车位于第2位置。由工程侦察组人员利用携带的测量观察器材对相关数据进行了详细的测量,并由工程师在原桥处负责数据的测量与记录,据此拿出桥梁加固方案。

考虑抢修队编成内的人员很少,指挥部要求前方指挥所工程处雇用40名当地民工,以支援分队作业,这样以人工配合机械作业,加快了作业进程,解决了兵力不足的问题。

1. 兵力、任务区分

塌方路段抢修组。编组建筑作业手4人,道路、桥梁作业手2人,加强当地民工10人,由建筑分队副分队长负责指挥。

桥梁抢修组。编组桥梁作业手4人、道路作业手6人、木工2人,加强当地民工15人,由道桥分队副分队长负责指挥。

2. 采取的工程措施

1)塌方路段

拓宽迂回路,平整路面;构筑挡土墙,修复涵洞;填土构筑路基,构筑路面。

2)毁坏桥梁

平整作业场地和清整河底;增设主梁1根,更换所有桥板。

三、现场保障

(1)警戒。此次抢修行动,巴基斯坦营派出了1个排的兵力,分别保障3个作业点的安全;而对于百姓围观,抢修分队则要求工程处派出当地民事警察来协助警戒,施工过程中发生的民事纠纷则交由他们处理。

(2)装备器材。抢修分队通过乌维拉文职工程处与当地政府进行协商后,雇用了一些民工,加快了采集块石的速度,抢修分队利用装载机、自卸车协助装运,解决了块石供应不足的问题。加固所需木材,则由维和部队通过联刚团与地方政府协调解决,并利用加强的民工协助编成内的木工采集。

(3)饮食。在抢修分队进驻前,指挥部先向卡乌姆机场提出申请,然后机场工作人员根据航班安排托运食品的时间,通常每周1次或2次。

参考文献

[1] 牛焱明. 外军渡河桥梁器材的现状及对我军的启示[J]. 工兵装备研究,1999(1):16-21.
[2] 张永忠. 抗洪抢险技术[M]. 北京:军事科学出版社,1999.
[3] 刘安. 工程装备[M]. 北京:解放军出版社,2002.
[4] 孙文俊. 渡河桥梁装备研究方法[M]. 北京:国防工业出版社,2002.
[5] 吕登明. 建国以来军队参加重大抢险救灾行动典型实例选编[G]. 北京:中国人民解放军总参谋部作战部,2002.
[6] 朱华荣. 美军渡河桥梁器材及特点分析[J]. 后勤科技装备,2003(57):44-45.
[7] 杨晖. 国外非传统安全问题研究报告选编[M]. 北京:军事谊文出版社,2008.
[8] 张晓军,闫晓晔. 非战争军事行动论纲[M]. 北京:海潮出版社,2008.
[9] 陈贻来. 陆军维护社会稳定行动研究[M]. 北京:军事科学出版社,2008.
[10] 李春元. 陆军维和行动研究[M]. 北京:军事科学出版社,2008.
[11] 商则连,王文臣. 陆军抢险救灾行动研究[M]. 北京:军事科学出版社,2008.
[12] 王曙光,徐立生. 陆军反恐怖行动研究[M]. 北京:军事科学出版社,2008.
[13] 刘小力. 军队应对重大突发事件和危机:非战争军事行动研究[M]. 北京:军事科学出版社,2008.
[14] 昌业廷,马文清. 核心军事能力与非战争军事行动能力理论研究[M]. 北京:金盾出版社,2009.
[15] 刘华锋,王翼,许金根. 军分区非战争军事行动研究[M]. 北京:国防大学出版社,2009.
[16] 郑守华,李保全. 抢险救灾行动[M]. 北京:解放军出版社,2009.
[17] 仲永龙,张根亮,孙金富. 非战争军事行动理论与实践[M]. 北京:军事科学出版社,2009.
[18] 徐克生,杜鹏东,杨艳秋,等. 应急救援装备保障体系浅析[J]. 林业劳动安全,2009,22(2):11-16.
[19] 程益泉,韩文涛. 武警部队冲锋舟的应用情况及解决办法[J]. 科技创新导报,2009(34):57.
[20] 沈云峰. 工程兵武器装备作战运用研究[M]. 北京:解放军出版社,2011.
[21] 张佳南. 智能装备体系[M]. 北京:海潮出版社,2010.

[22] 上海飞浪气垫船有限公司. 气垫船在抗洪抢险中的应用[J]. 中国防汛抗旱,2011(5):81.

[23] 陈照海,石忠武. 非战争军事行动辞典[M]. 北京:国防大学出版社,2012.

[24] 谭凯家. 基于信息系统体系作战装备运用研究[M]. 北京:国防大学出版社,2012.

[25] 李红,鄢俊. 水上救援现状及问题研究[J]. 江西警察学院学报,2012(6):58-60.

[26] 汤君,赵文杰. 美军非战争军事行动解读[J]. 科技信息,2012(6):99,101.

[27] 张良,唐建强. 非战争军事行动车辆装备保障训练研究[J]. 汽车运用,2012(6):26.

[28] 傅光明,卫晓辉. 工程兵非战争军事行动[M]. 北京:解放军出版社,2013.

[29] 宋孝和,赵龙志,王昔. 外军工程兵力量非战争运用研究[M]. 北京:国防大学出版社,2013.

[30] 郑守华. 非战争军事行动教程[M]. 北京:军事科学出版社,2013.

[31] 徐波,何再朗. 工程兵作战行动[M]. 北京:国防大学出版社,2013.

[32] 谭凯家,雷红伟. 军事装备运用学[M]. 北京:国防大学出版社,2013.

[33] 谭华军. 理顺非战争军事行动指挥关系之我见[J]. 国防,2013(11):23.

[34] 陈士强,肖允华. 非战争军事行动研究[M]. 北京:国防大学出版社,2014.

[35] 陈晓东. 救援装备[M]. 北京:科学出版社,2014.

[36] 李成,陈晓东. 冲锋舟在救援抢险中的作用、不足与对策[J]. 中国应急救援,2014(1):28-29.

[37] 蒋明,张世富,张冬梅,等. 美国应急装备体系分析[J]. 中国应急救援,2014(5):39-43.

[38] 常健,易家卓,牛涛. 外军渡河桥梁装备的发展及对我军的启示[J]. 军事交通学院学报,2014(6):19-22.

[39] 武战国. 海外非战争军事行动研究[M]. 北京:军事科学出版社,2015.

[40] 马国普. 基于非战争军事行动应对重大突发事件的方法[M]. 广州:世界图书出版广东有限公司,2015.

[41] 王永明. 多种能力:提高非战争军事行动能力[M]. 北京:长征出版社,2015.

[42] 刘安,王健,胡清淼. 我军工程装备发展趋势探要[J]. 工程兵学术,2015(3):55-57.

[43] 李汉海,王德良. 工程兵非战争军事行动论[M]. 北京:国防工业出版社,2016.

[44] 沈云峰,刘安. 工程装备论[M]. 北京:国防工业出版社,2016.

[45] 吴晓波. "5·12"汶川抗震救灾水上救援反思[J]. 中国防汛抗旱,2017(3):40-41.

[46] 陈军生,曹毅. 现代局部战争装备运用与保障战例研究[M]. 北京:国防大学出版社,2018.

[47] 王李斌,崔光耀,荆鸿飞. 汶川地震汉清路九金段震害调查及抢通处治技术研究[J]. 国防交通工程与技术,2018(4):78-80,57.

[48] 雷永民. 强化抢险救援装备训练探要[J]. 武警学术,2018(5):31-32.

[49] 陈天立,沈斌,王素光. 遂行重大洪涝灾害抢险救援任务战法浅探[J]. 武警学术,2018(5):36.

[50] 张金平. 当代恐怖主义与反恐怖策略[M]. 北京:时事出版社,2019.

[51] 林勇. 军队抢险救灾应急物资调运问题研究[M]. 北京:中国财富出版社,2019.

[52] 李艳松,刘菁. 非战争军事行动运输投送[M]. 北京:人民交通出版社,2019.

[53] 段壮志,王海源. 外军渡河桥梁装备发展与作战运用启示[M]. 长沙:国防科技大学出版社,2020.

[54] 中国现代国际关系研究院反恐怖研究中心. 国际恐怖主义与反恐怖斗争年鉴:2018[M]. 北京:时事出版社,2020.

[55] 蒋海霞. 我国应急救援装备现状与发展趋势[J]. 中国电力企业管理,2020(21):18-19.

[56] 魏新波. 提升水域救援装备应用效能的思考[J]. 水上消防,2021(3):16-18.

[57] 沈斌. 重大自然灾害道路抢通战法刍议[J]. 武警学术,2021(6):15.

[58] 张帆. 遂行非战争军事行动任务工程装备保障需求及对策分析[J]. 中国军转民,2021(6):73-75.

[59] 全军军事术语管理委员会. 中国人民解放军军语[M]. 北京:军事科学出版社,2011.